高等学校测绘工程系列教材

测绘程序设计

（上册）

主　编　李英冰

副主编　邹进贵　车德福　戴吾蛟　吴杭彬

WUHAN UNIVERSITY PRESS

武汉大学出版社

图书在版编目(CIP)数据

测绘程序设计.上册/李英冰主编.—武汉：武汉大学出版社，2019.9(2024.8 重印)

高等学校测绘工程系列教材

ISBN 978-7-307-21090-5

Ⅰ.测…　Ⅱ.李…　Ⅲ.工程测量—高等学校—教材　Ⅳ.TB33

中国版本图书馆 CIP 数据核字(2019)第 169325 号

责任编辑:鲍　玲　　责任校对:李孟潇　　版式设计:马　佳

出版发行：**武汉大学出版社**　(430072　武昌　珞珈山)

(电子邮箱：cbs22@ whu.edu.cn　网址：www.wdp. com.cn)

印刷:武汉科源印刷设计有限公司

开本:787×1092　1/16　印张:14.5　字数:341 千字

版次:2019 年 9 月第 1 版　2024 年 8 月第 5 次印刷

ISBN 978-7-307-21090-5　定价:38.00 元

编　委　会

WUHAN UNIVERSITY PRESS

武汉大学出版社

序　　言

随着现代科学与技术的飞速发展，特别是移动互联网、云计算和大数据等现代技术的兴起，测绘数据获取手段越来越多样，需要处理的数据类型越来越复杂，计算机已经成为测绘数据处理的基本工具，程序设计已经成为测绘工程专业学生所必备的基本能力。由于测绘地理信息专业所需知识的理论性很强，在程序设计时不仅需要很强的编程能力，还必须具备正确的测绘理论思维。在测绘编程实践学习中，如何设计合适的数据输入方式，以及难度适中的实践算法，这对当前测绘地理信息专业学生来说是比较困难的，但是，一旦攻克这个突破口，学生的编程实战能力将得到快速提升。

测绘程序设计已经受到测绘地理信息专业教育主管部门的高度重视，许多院校开设了相关课程，测绘程序设计在全国大学生测绘技能大赛中占30%的比重，计划将来还准备推出围绕测绘、遥感、地理信息与导航等方面开发相关软件系统或软硬件集成系统的测绘创新开发比赛。江苏、河南等省也推出了相关的测绘程序设计比赛。武汉大学的测绘技能大赛设有程序比赛专项，并在大学生夏令营优秀营员选拔，以及硕士生和博士生复试等都设置了编程环节，为优秀人才的选拔起到了积极作用。

为了进一步提高全体测绘人员的编程水平，我们组织了来自武汉大学、东北大学、中南大学、同济大学、中国人民解放军战略支援部队信息工程大学等27所高校的34位教师共同编写本书。在2019年3月29日于武汉召开了一次专门研讨会，来自全国大学生测绘技能大赛工作组的邹进贵教授、翟翊教授、宋卫东教授、程效军教授、车德福教授、邹峥嵘教授，以及本书编委会相关成员共13人，对本书的选题、组织形式、内容等进行了广泛的研讨。

本书分为上下册，共5篇。第1篇是教学篇，共9章，内容涵盖了控制台应用程序开发、桌面应用程序开发和网络程序开发，并且包含文件读写、图形图像处理、数据库操作等内容。在每章后面给出了一些教学视频，便于学生实战模仿，并提供往届参赛学生的优秀作品，供参考学习。第2篇是基础篇，共12章，主要是一些培养学生文件读写、简单测绘算法实现等编程能力的实例，难易程度相当于夏令营优秀营员选拔、研究生复试，以及测绘程序设计期末上机测试。第3篇是进阶篇，共12章，内容包括考查文件读写、用户界面设计、较为复杂的测绘算法的实现等能力的实例，可用于测绘程序教学和实习、竞赛人才选拔等。第4篇是竞赛篇，共18章，内容包括考查复杂测绘程序开发和团队合作能力的实例，服务于全国、省级、院校级测绘编程竞赛。第5篇是创新篇，共10章，其中第59章至第61章选自武汉大学的学生作品(第59章是博士生黄奎等同学的研究成果、第60章是本科生白璐斌等同学的作品、第61章是本科生何雨情等同学的作品)，本篇面向测绘新技术新方法的编程实现，服务于大学生创新创业训练和研究生科研选题。第1篇和第 2 篇属于上册内容。第 3、4、5 篇属于下册内容。

本书的编撰得到同事、同学和朋友的大力支持，在此感谢大家给予本书的各种贡献，感谢武汉大学出版社王金龙的帮助。需要感谢的人很多，限于篇幅不一一列出。本书涉及的内容庞杂，难免存在错误，欢迎批评指正。

编著者

2019 年 5 月

目　录

一、教 学 篇

（C#语言）

负责人：李英冰、李军

本篇内容可用于测绘专业本科生的编程教学。本篇分为 9 章内容，涵盖了控制台应用程序开发、桌面应用程序开发和网络程序开发。在综合练习中，特别提供了一些视频学习内容，可以帮助学生快速学会编程。

相关的资源包括：

1. 教学视频、学生的大作业：http：//www. geo365. net/ch1. html。

2. 课件：本篇内容的教学课件可免费提供给授课老师，请联系李英冰（ybli@sgg. whu. edu. cn）。

第 1 章　C# 概 述

一、基本知识

1. 计算机语言排行榜

电脑每一次动作、每一个步骤，都是按照用计算机语言编好的程序执行的。程序是计算机要执行的指令集合，而程序全部都是用我们所掌握的计算机语言编写的。人们要控制计算机一定要通过计算机语言向计算机发出命令。

计算机语言的种类非常多，表 1-1 是 TIOBE 网站 2019 年 3 月给出的计算机语言使用排行榜。

表 1-1　**计算机语言使用排行榜**

排名	语言	比率	适用性
1	Java	14. 880%	
2	C	13. 305%	
3	Python	8. 262%	
4	C++	8. 126%	
5	Visual Basic. NET	6. 426%	
6	C#	3. 267%	
7	JavaScript	2. 426%	
8	PHP	2. 420%	
9	SQL	1. 926%	
10	Objective-C	1. 681%	

注：表示桌面应用，表示网络应用，表示移动设备开发，表示硬件驱动开发。

2. .NET 框架、编程语言和开发工具

C#是运行于.NET 框架的设计语言，它是一种类型齐全、现代、简单、面向对象的编程语言。.NET 框架是由微软开发的多语言组件开发和执行环境，是跨语言、跨平台的统一编程环境。

.NET 框架、编程语言和开发工具关系如图 1.1 所示。公共语言运行时(CLR)定位、加载和管理.NET 类型，是应用程序的执行引擎类库。公共类型系统(CTS)是关于“公共类型”的一个文档说明书。CTS 体现了核心编程思想：面向对象的语言(如 C#)把类型推广到整个程序中。基类库(BCL)封装了各种基本类型，每个类型都对应着一些功能，如线程、文件输入/输出、图形绘制、数据访问、Web 窗体以及与各种外部硬件设备的交互。BCL 通过各种名字空间为开发者提供了所需的各种服务。例如，Collections 名字空间包括链表、哈希表等集合类型；System. IO 名字空间包含输入/输出基本类。主要功能最强的开发工具是微软的 Visual Studio，当前最新版本是 2019。

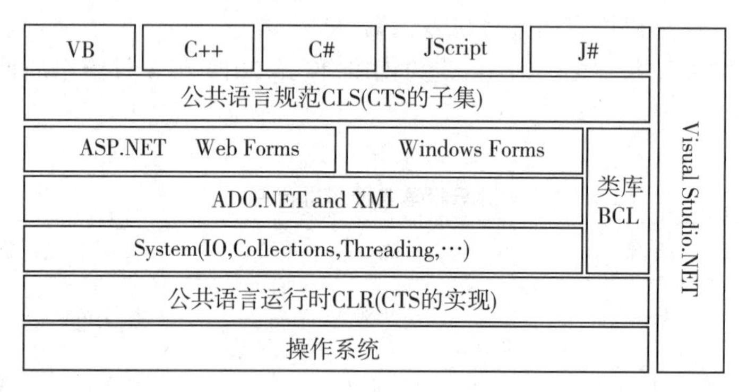

图 1.1 .NET 框架

托管是融于 CLR 中的一种新的编程理念，托管代码是编译器编译的代码。编译器把代码编译成中间语言(IL)，而不是能直接在用户的电脑上运行的机器码。托管代码在公共语言运行库(CLR)中运行，这个运行库为运行代码提供了各种各样的服务。随着程序集的运行，运行库会持续地提供各种服务，例如安全、内存管理、线程管理等，这个程序被“托管”在运行库中。

非托管代码不能享受一些运行库所提供的服务，例如安全和内存管理等。如果非托管代码需要进行内存管理等服务，就必须显式地调用操作系统的接口。

3. 类型

类型(type)是一般性的术语，它指的是{类、接口、结构、枚举、委托}里的任意一个成员。C#的编程思想是：一切都是类型、对象或值，而对象或值也都源自类型。

CTS 分为两个大类：值类型和引用类型，同时这两种类型之间还可以进行强制转换，这种转换被称为 Boxing(装箱)和 UnBoxing(拆箱)。值类型继承自 ValueType 类，变量直接

存储数据，实例是被分配在栈中，并且永远不可能为空；引用类型继承自 Object，存储的是数据内存的地址，实例是被分配在可以进行垃圾回收的堆中。

二、程序结构

1. 第一个样例程序

【例 1】计算圆的周长。

```
1   using System;
2
3   //第一个样例程序
4   namespace Demo
5   {
6       class Program
7       {
8           static void Main(string[] args)
9           {
10              double r=10;
11              Console.WriteLine(2*3.14*r);
12          }
13      }
14  }
```

(1)注释行。注释代码有两种方法，第一种是/*和*/之间的内容都被注释掉，C 程序可采用这种注释方式，在 C#中不推荐。第二种方法是“//”后的内容被注释掉。

(2)命名空间。在第 1 行中，System 是命名空间，用“using System”使该命名空间中的所有成员都可直接使用，例如 Console 是该命名空间中的类。第 4 行定义命名空间“Demo”，命名空间使用“namespace”声明，并使用{ }来界定命名空间的作用域。

(3)类。第 6 行声明了类 Program，class 是类关键字。Program 是系统定义的类，默认命名为“Program”，如果需要的话我们完全可以修改这个名字。类是一种构造，通过使用该构造，可以将变量、方法和事件组合在一起。类和对象是面向对象语言的核心思想。

(4)Main 方法：Main 方法是 C# 控制台或窗口应用程序的入口点，是执行程序(.exe)的入口点，程序控制流在该处开始和结束。Main 必须是静态方法，需要在类或结构内声明，但不要求封闭类或结构。Main 的返回类型有两种：void 或 int。

(5)输出信息到控制台。Console 类提供从控制台读入、向控制台写出等方法，如第 11 行向控制台输出计算结果。

(6)程序保存与编译。C#的源文件通常以 .cs 结尾，如可以保存为 hello.cs。编译程序：csc hello. cs，将生成一个 hello. exe 执行文件。

2. 源程序和程序集

C#的源程序结构如图 1. 2 所示。源程序通过命名空间进行代码组织，在命名空间内，用大括号界定范围，大括号中的内容称为类型(类、接口、结构等)。类型中定义的内容称为成员(方法、属性、成员变量等)。

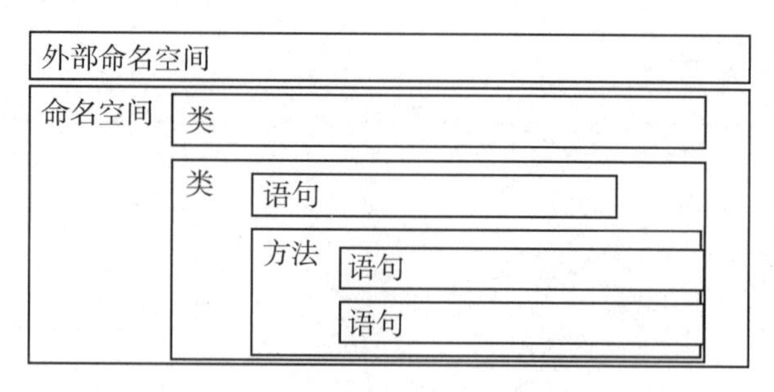

图 1. 2　程序结构示意图

程序集是指经由编译器编译得到的，供 CLR 进一步编译执行的中间产物，在 Windows 系统中，它一般表现为 . dll 或者是 . exe 的格式。一个程序集可以包含任意个命名空间，每个命名空间又可以包含多种类型，每个类型可包含多个成员。

3. 命名空间

命名空间是一种代码组织和重构形式，是相关类型的分组符号。命名空间名称要唯一。BCL 中常用的命名空间有：

System	内建数据、数学计算、垃圾收集器
System. Drawing	处理图形和绘图，包括打印
System. Data	处理数据存取和管理，ADO. NET
System. IO	管理对文件和流的同步和异步访问
System. Windows	处理基于窗体的窗口的创建
System. Reflection	包含从程序集读取元数据的类
System. Threading	包含用于多线程编程的类
System. Collections	包含定义各种对象集的接口和类

三、集成开发环境

1. Visual Studio 集成开发环境(IDE)

图 1. 3 是 Visual Studio 2015 的集成开发环境(IDE)，主要包含菜单栏、工具栏、代码/视图编辑区、解决方案管理器、工具箱、属性窗口、输出窗口。IDE 将软件开发项目

中涉及的任务合并到一个集成开发环境中，同时提供创新功能，便于高效开发任何应用程序。

图 1.3　集成开发环境

1)统一且可定制

IDE 将所有开发任务合并到一个工具中，通过功能强大的集成调试器、IntelliTrace、性能与诊断中心以及分析工具，提供生成和优化应用程序所需的全部功能。IDE 具有深度可扩展性，迄今已有数千项扩展，允许开发人员与合作伙伴集成自己的工具和软件开发工具包。

2)代码编辑器

代码编辑器支持 C#、VB. NET、C++、HTML、JavaScript、Python、SQL 等语言，全部都具有语法突出显示与 IntelliSense 代码完成功能。使用代码映射，可以通过直观显示以更轻松地了解更复杂的源代码，其他高效功能还包括：查看定义(用于行内引用检查)、强大的代码重构工具以及检测重复代码的功能。

3)开发平台支持

IDE 提供了统一的开发环境构建针对全部 Microsoft 平台(如桌面、Windows 应用商店和 Windows Phone 应用)以及移动 Web 应用、Web 应用程序和云服务等的应用程序。无论选择哪种编程语言、针对哪种应用程序，是现代化现有客户端/服务器应用程序还是跨设备的云服务，Visual Studio 都可以提供所需的开发环境。

4)调试与诊断

IDE 有一组可以对所有应用程序进行调试和诊断的现代工具。通过设置断点，优化代码，解决问题，可实现在本地或远程设备上调试项目，通过丰富的可操作信息了解异常。

2. 解决方案和项目

项目是构成某个程序的全部组件的容器，该程序可能是控制台程序、窗口程序或某种别的程序。程序通常由一个或多个源文件，加上其他辅助文件组成。项目文件都存储在相应的项目文件夹中。

解决方案是存储与一个或多个项目有关的所有信息的文件夹。与某个解决方案中的项目有关的信息存储在扩展名为 . sln 和 . suo 的两个文件中。创建某个项目时，如果没有选择将该项目添加到现有的解决方案中，那么系统将自动创建一个新的解决方案。

项目和解决方案的关系：解决方案是项目信息的文件夹，项目是它的子文件夹。

主要文件类型包括：

. sln：解决方案文件

. suo：解决方案用户选项文件

. cs：窗体、用户控件、类和模块文件

. csproj：项目文件

. aspx：web 文件

. html：网页文件

3. 编译与执行

程序的编译与执行过程如图 1.4 所示。编译时使用 . NET 编译器生成 dll 或 exe 文件，即将源程序转换为由 CPU 执行的计算机代码。

第一次编译：使用 . NET 编译器生成 dll 或 exe 文件时，生成的模块会被打包成一个程序集。第二次编译：程序集包含公共中间语言(CIL)代码，它只有在绝对必需的情况下才会编译为特定平台的指令，第二次编译称为即时编译(JIT)。即时编译器将 CIL 代码转换为可以直接由 CPU 执行的计算机代码。

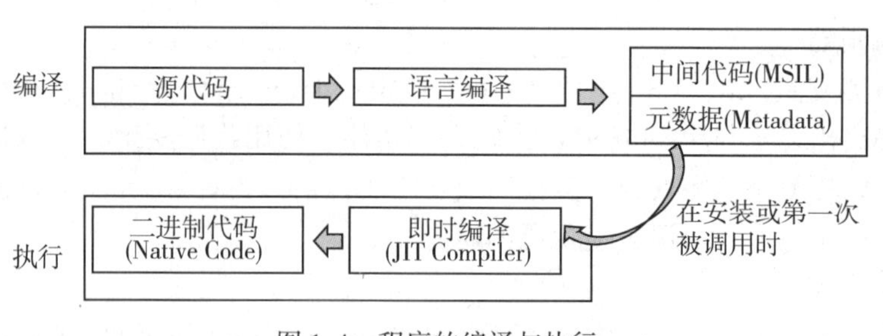

图 1.4　程序的编译与执行

生成应用程序时创建的文件包括：

(1) 生成解决方案(或项目)后，方案文件夹中出现了一个 debug 文件夹，该文件夹包含构建项目时产生的输出。其中：*. exe 表示可执行文件；*. ilk 表示在重新构建项目时被连接器使用；*. pdb 表示包含在调试模式中执行程序时要使用的调试信息。在调试模式(Debug 版)，可以动态检查程序执行过程中所生成的信息。

(2)程序的 Debug 版本和 Release 版本。Debug 版本：包括帮助用户调试程序的信息，使用 Debug 版，可以在出现问题时单步执行代码，以检查程序中的数据值。Release 版本：不包括调试信息，并且打开了编译器的代码优化选项，以提供最高效的可执行模块。

四、格式化输出

【例 2】编写程序，实现极坐标向笛卡儿坐标转换，方法见公式(1.1)。

$$\begin{cases} x = r\sin\theta \\ y = r\cos\theta \end{cases} \tag{1.1}$$

```
1  using System;
2
3  //极坐标转换为直角坐标
4  namespace ConsoleApp1
5  {
6      class Program
7      {
8          static void Main(string[] args)
9          {
10             double r = 1000.0, theta = 45.0;
11             Console.WriteLine("r ={0:E};theta={1:F} ", r, theta);
12             theta *= Math.PI / 180;
13             double x = r * Math.Sin(theta);
14             double y = r * Math.Cos(theta);
15             Console.WriteLine("x={0:0.000};y={1:0.000}", x, y);
16             Console.ReadKey();
17         }
18     }
19 }
```

程序编译后执行，会在控制台上输出以下结果：

r=1.00000E+003; theta=45.00

x=707.107; y=707.107

以上结果的输出格式分别是源程序中第 11 行和第 15 行相关语句的结果。

格式化输出见表 1-2 和表 1-3，输出的一般格式：

{ N [, M] [: 格式码] }

N：指定参数序列中的输出序号，比如{0}，{1}，{2}等。

M：指定参数输出的最小长度。如果参数长度小于 M，则空格填充；若大于等于 M，则按实际长度输出；如果 M 为负，则左对齐，如果 M 为正，则右对齐；若未指定 M，默认为 0，如{1，5}表示将参数的值转换为字符串后按照 5 位右对齐输出。

表 1-2　　**格式化输出表**

字符	说明	示例	输出
C	货币	Console. Write ("{0:C3}", 2)	$ 2. 000
D	十进制	Console. Write ("{0:D3}", 2)	002
E	科学计数法	Console. Write (“{0:e}”,1. 2)	1. 20E+001
G	常规	Console. Write ("{0:G}", 2)	2
X	十六进制	Console. Write ("{0:X000}", 12)	C
		Console. Write ("{0:000. 000}", 12. 2)	012. 200

表 1-3　　**数字的格式指定**

操作格式	代码	输出
固定宽度右对齐	Console. Write ("{0, 4}", 2)	□□□2
固定宽度左对齐	Console. Write ("{0, -4}", 2)	2□□□
用 0 填充	Console. Write ("{0:D4}", 2) 或者 Console. Write ("{0:0000}", 2)	0002
固定宽度并用 0 填充	Console. Write ("{0, 8:D4}", 2)	□□□□0002

注：□表示空格。

五、案例实训

1. 安装 Visual Studio 2019

打开浏览器，输入 https：//visualstudio. microsoft. com 网址，如图 1.5 所示。选择 Visual Studio IDE(如②所示)，在下拉列表中选择一款软件下载(如③所示)，其中社区版(Community)是免费版本，专业版(Professional)和企业版(Enterprise)需要花钱购买，用序列号激活。

打开所下载的软件包，得到如图 1. 6 所示的安装界面。在安装时可以通过“工作负载”、“单个组件”、“语言包”和“安装位置”进行相关选项的选择。在“工作负载”选项中，勾选“ASP. NET 和 Web 开发”、“. NET 桌面开发”等选项，如①、②、③所示。

选择“语言包”选项卡，勾选需要的语言，如“中文(简体)”和“英语”，如图 1.7 所示①和②所示。在“安装位置”选项卡中设置安装路径，然后选择安装。安装时间与所选择的安装内容、电脑配置以及网络速度等因素有关。

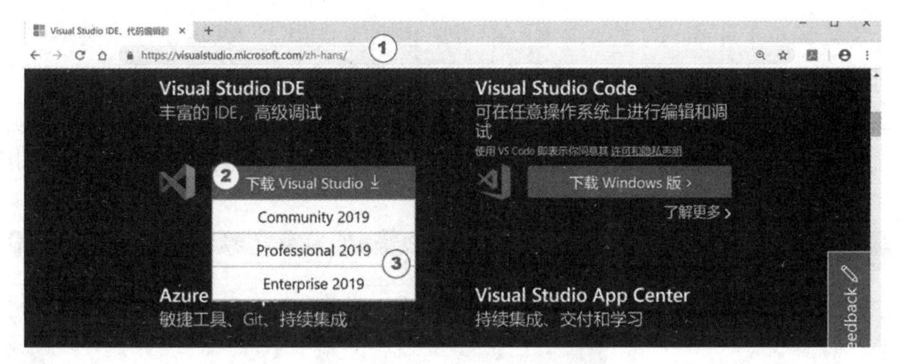

图 1.5　下载 Visual Studio 软件

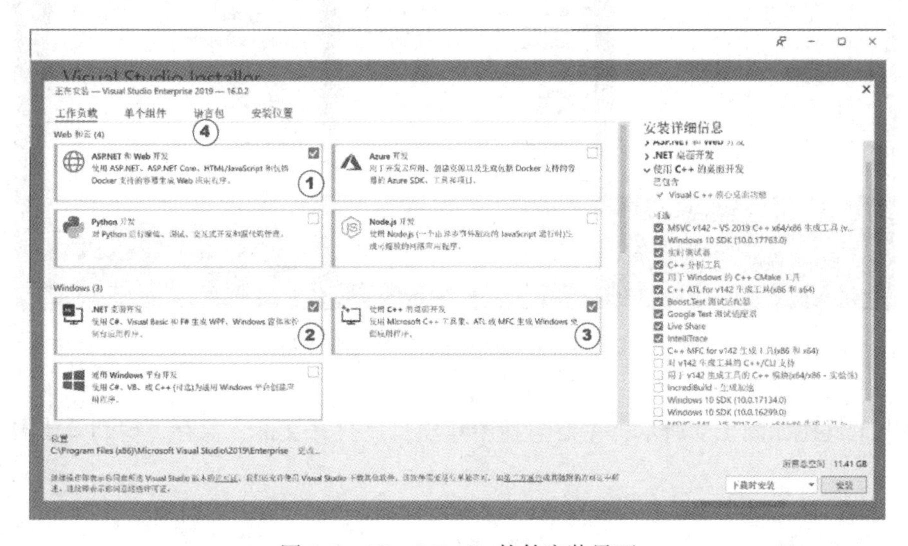

图 1.6　Visual Studio 软件安装界面

Visual Studio Installer
正在安装 — Visual Studio Enterprise 2019 — 16.0.2
工作负载　单个组件　语言包　安装位置
可以将其他语言包添加到 Visual Studio 安装。
中文(简体)
中文(繁体)
俄语
土耳其语
德语
意大利语
捷克语
日语
法语
波兰语
英语
葡萄牙语(巴西)
西班牙语
韩语
安装详细信息
Visual Studio 核心编辑器
ASP.NET 和 Web 开发
.NET 桌面开发
使用 C++ 的桌面开发
Python 开发
Node.js 开发
已包含
Node.js 开发工具
JavaScript 和 TypeScript 语言支持
JavaScript 诊断
可选
Web 部署
Live Share
连接和发布工具
Developer Analytics Tools
C++ 核心功能
MSVC v142 - VS 2019 C++ x64/x86 生成工具 (v14...
位置
C:\Program Files (x86)\Microsoft Visual Studio\2019\Enterprise 更改...
所需总空间
下载时安装
安装

图 1.7　Visual Studio 软件语言包选项

图 1.8 是 Visual Studio 的主要菜单。主菜单包括文件(F)、编辑(E)、视图(V)、调试(S)、分析(N)、工具(T)等菜单。其中文件(F)包括新建(项目、或文件)、打开项目或文件菜单选项，在视图(V)中包括显示或隐藏解决方案资源管理器(P)、类视图(A)、错误列表(I)、输出(O)、工具箱(X)、属性窗口(W)等，在工具(T)中包括选项(O)等常用功能。

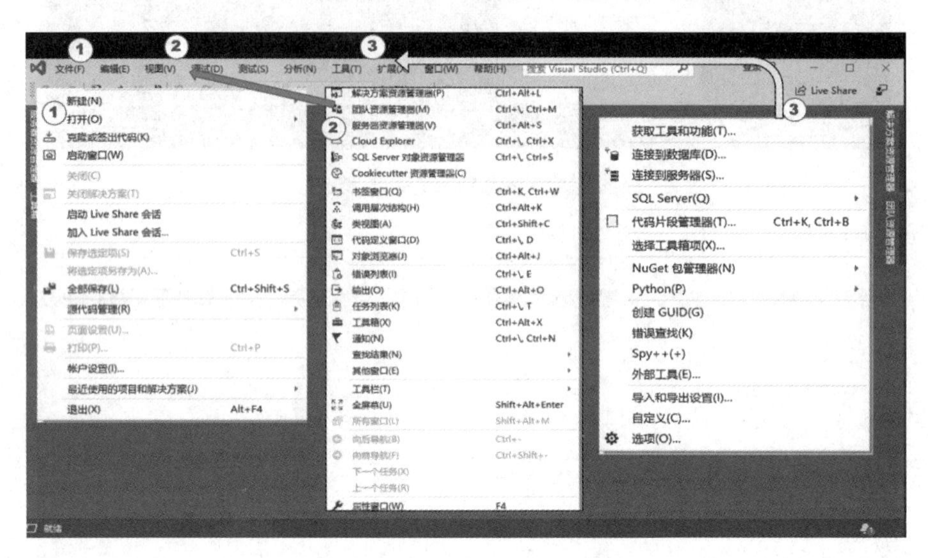

图 1.8　Visual Studio 软件主要菜单

常用工具栏如图 1.9 所示，主要包括新建项目、打开文件、保存、剪切等工具。

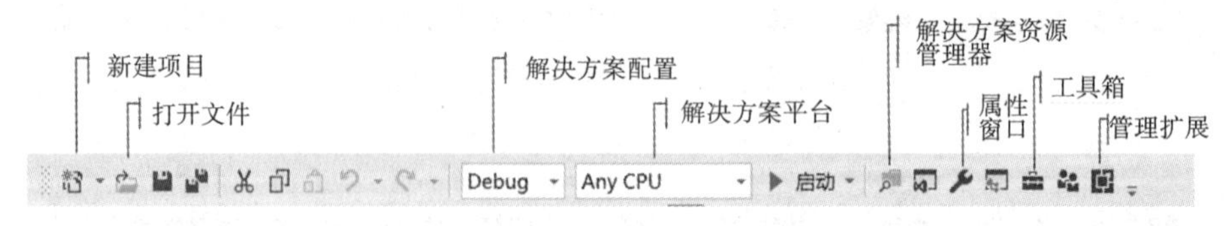

图 1.9　Visual Studio 常用工具栏

2. 程序演示

【例 3】编程实现参心大地坐标转换为参心空间直角坐标(BLH→XYZ)，计算公式为：

$$\begin{cases} X = (N + H) \cdot \cos B \cdot \cos L \\ Y = (N + H) \cdot \cos B \cdot \sin L \\ Z = [N \cdot (1 - e^2) + H] \cdot \sin B \end{cases} \tag{1}$$

其中 N 为椭球面卯酉圈的曲率半径，e 为椭球的第一偏心率，计算公式为

$$N = \frac{a}{\sqrt{1 - e^2 \sin^2 B}}; \qquad e^2 = 2f - f^2 \tag{2}$$

上式 a 为椭球的长半轴，f 为椭球曲率，编程时采用 $a = 6378137\text{m}$，$f = 1/298.257222101$。

1) 创建项目

通过菜单“文件(F)”→“新建(N)”→“项目(P)”，打开“创建新项目”对话框，如图 1.10 所示。通过①中的下拉列表选择 C#语言，在②中选择 Windows 平台，在③中选择控制台的项目类型。选择④中“控制台应用(.NET Framework)”项目，单击“下一步”按钮。

在“配置新项目”对话框中，可以设置项目名称、源文件存储位置、解决方案名称、以及项目所基于的框架版本，如图 1.11 所示。点击“创建”按钮，完成新项目创建。

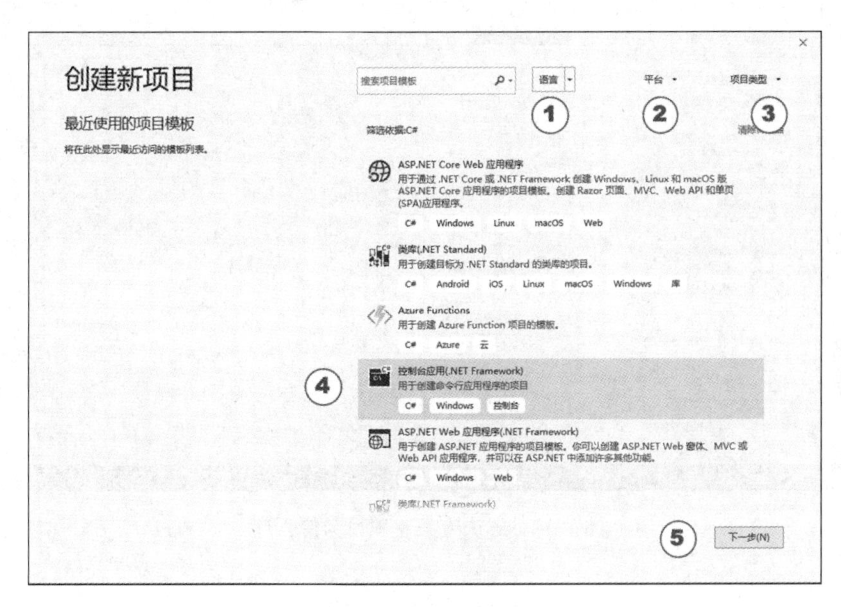

图 1.10　创建新项目

图 1.11　配置新项目

2)编写程序

在“解决方案资源管理器”中，可以对解决方案(如 Chap1)、项目(如 Coor)、源文件(如 Progam. cs)进行管理，如图 1. 12 中①②③所示。点击源文件，在编辑器中打开文件，编写源程序，如图 1. 12 中④。

图 1. 12　解决方案、项目与源程序

在代码编辑器中输入的源程序具体如下：

```
1   using System;
2   using System.Collections.Generic;
3   using System.Linq;
4   using System.Text;
5   using System.Threading.Tasks;
6
7   namespace Coor
8   {
9       //参心大地坐标转换为参心空间直角坐标(BLH-->XYZ)
10      class Program
11      {
12          static void Main(string[ ] args)
13          {
14              //初始化变量
15              double B = 30;
```

```
16              double L= 114;
17              double H = 15;
18              double X, Y, Z;
19              //转化
20              BLH2XYZ(B, L, H,out X, out Y, out Z);
21              //输出计算结果
22              Console.WriteLine("X={0,12:F3},Y={1,12:F3},Z={0,12:F3}",X,Y,Z);
23              Console.ReadKey();
24          }
25          /// <summary>
26          /// 参心大地坐标转换为参心空间直角坐标(BLH-->XYZ)
27          /// </summary>
28          /// <param name="B">纬度(以度为单位)</param>
29          /// <param name="L">经度(以度为单位)</param>
30          /// <param name="H">大地高(以米为单位)</param>
31          /// <param name="X">X 分量(以米为单位)</param>
32          /// <param name="Y">X 分量(以米为单位)</param>
33          /// <param name="Z">X 分量(以米为单位)</param>
34          private static void BLH2XYZ(double B, double L, double H, out double X, out
35  double Y, out double Z)
36          {
37              //将角度转化为弧度
38              double deg2rad = Math.PI / 180;
39              B = B * deg2rad;
40              L = L * deg2rad;
41              //计算相关参数
42              double e2 = GetE2();
43              double N = GetN(B);
44              //转化计算
45              X = (N + H) * Math.Cos(B) * Math.Cos(L);
46              Y = (N + H) * Math.Cos(B) * Math.Sin(L);
47              Z = (N * (1-e2) + H) * Math.Sin(B);
48          }
49          /// <summary>
50          /// 计算第一偏心率的平方
51          /// </summary>
52          /// <returns>第一偏心率的平方</returns>
```

```
53          private static double GetE2()
54          {
55              double a = 6378137;
56              double f = 1 / 298.257222101;
57              double e2 = 2 * f-f * f;
58              return e2;
59          }
60          /// <summary>
61          /// 计算椭球面卯酉圈的曲率半径
62          /// </summary>
63          /// <param name="B">纬度(以弧度为单位)</param>
64          /// <returns>椭球面卯酉圈的曲率半径</returns>
65          private static double GetN(double B)
66          {
67              double e2 = GetE2();
68              double a = 6378137;
69              double sinB = Math.Sin(B);
70              double N = a / Math.Sqrt(1-e2 * sinB * sinB);
71              return N;
72
73          }
74      }
75  }
```

3)编译与运行

点击工具栏的启动(▶ 启动 ▾)按钮，完成程序编译，并运行程序，计算结果如图 1.13 所示。

图 1.13　运行程序

六、综合练习

1. 看视频文件“EX1-1 创建控制台应用程序 .mp4”，学习：(1)熟悉 IDE 开发环境；

(2)学习工程的创建；(3)求最大值方法的编程与调试；(4)生成可执行文件。

2. 看视频文件“EX1-2 创建桌面程序 . mp4”，学习：(1)创建桌面应用工程；(2)设定开始项目；(3)指定执行文件的输出；(4)指定启动对象；(5)关闭和结束应用程序。

3. 看视频文件“EX1-3 格式化输出 . mp4”，学习：(1)占位符的使用；(2)不同输出格式的使用；(3)输出精度的控制。

4. C# 生成的 exe 执行程序一般是__________。

   A. 非托管程序集　　B. 托管程序集　　C. 特定 CPU 的指令集

5. Console. WriteLine("{1}-{0}-{2}", 1, 9, 2)；正确的输出结果是__________。

   A. 9-2-1　　B. 9-1-2　　C. 1-2-9　　D. 2-1-9

第2章　类型、运算符、表达式

一、常量与变量

1. 标识符与关键字

标识符是指用来标识某个实体的符号，标识符是用户编程时使用的名字，用于给变量、常量、函数、语句块等命名，以建立起名称与使用内容之间的关系。标识符通常由字母和数字以及其他字符构成。

关键字是 C#已经使用的有特殊功能的标识符，不允许开发者自己定义和关键字相同名称的标识符。C#主要关键字见表 2-1。

表 2-1　　C#主要关键字

abstract	as	base	bool	break	byte	case
catch	char	checked	class	const	continue	decimal
default	delegate	do	double	else	enum	event
explicit	extern	false	finally	fixed	float	for
foreach	goto	if	implicit	in	int	interface
internal	is	lock	long	namespace	new	null
object	operator	out	override	params	private	protected
public	readonly	ref	return	sbyte	sealed	short
sizeof	stackalloc	static	string	struct	switch	this
throw	true	try	typeof	uint	ulong	unchecked
unsafe	ushort	using	virtual	void	volatile	

2. 常量

常量是不会被程序修改的量，用 const 关键字声明常量，语法为：

[修饰符]　const　数据类型 标识符= value;

例：public　const　double　PI = 3.14159;

　　const　long　EARTHRADIUS=6378245;

其中，[ ]表示可选项。注意事项：①声明常量时必须对其赋值；②常量标识符一般采用大写。

修饰符用于限定类型以及类型成员的声明。C#语言共有 13 种修饰符，按功能可以分成 3 部分：类修饰符、成员修饰符、访问修饰符。

1) 类修饰符

abstract——表示该类为抽象类，它不能被实例化；protected——表示该类为密封类，它不能被继承。

2) 成员修饰符

abstract——说明一个方法不能含有实现。它们都是隐式虚拟，且在继承类中必须提供 override 关键字；const——定义常量字段或局部变量；event——声明一个事件，用于捆绑客户代码到类的事件；extern——告诉编译器方法由外部实现；override——用于改写任何基类中被定义为 virtual 的方法，要改写的名字和基类的方法必须一致；readonly——用 readonly 修饰的字段只能在它的声明或者在包含它的构造函数中被更改；static——被声明为 static 的成员属于类，而不属于类的实例；virtual——说明方法或存取标志可以被继承类改写。

3) 访问修饰符

public——可以被所有代码所用，在任何地方都能访问该成员；protected——只能在它所属的类型中被访问，或者在派生该类型的其他类型中被访问；private——只能在它所属的类型中被访问；internal——只能被同一集合所调用，允许相同组件的所有代码存取；protected internal——只能在当前程序中被访问，或者在派生当前类型的其他类型中被访问（如果变量声明为 protected 或者 Internal，就能在任何地方访问它）。

访问修饰符的一些规则：命名空间总是默认为 public；类总是默认为 public；类成员默认为 private；对于一个类成员只能使用一个访问修饰符，protected internal 尽管是 2 个单词，但它是单个访问修饰符；成员的作用域永远不超出包含它的类。

3. 变量

变量是储存计算结果或能表示值的抽象概念，变量能够把程序中准备使用的每段数据赋予一个简短、易于记忆的名字。变量的定义方式为：

[修饰符] 数据类型 标识符 [= value]；

变量名是变量、用户定义类型和这些类型的成员指定名字。C#变量命名的基本规则：①变量名首字符必须是字母、下划线（“_”）或“@”；②其后字符必须是字母、下划线或数字；③切忌使用 C#关键字。如果需要使用，须在标识符前面加上“@”（如@ abstract）。

变量命名有两种常用样式：①Pascal 样式，名字中每个单词的第一个字符大写，如 AverageSpeed；②Camel 样式，与 Pascal 样式基本相同，不同的是标识符的第一个字符小写，第二个单词的首字符大写，如 averageSpeed。

使用变量前，必须进行初始化，例如：

```
int length=15;
System. Console. WriteLine(length);
```

变量分为八种类别：静态变量、非静态变量、数组元素、局部变量、值参数、引用参数、输出参数、数组参数。

【例 1】不同类型变量示例。

不同类型变量示例具体如下：

```
1   class Program
2   {
3     int x = 1;
4     public static int y = 2;
5     void f(int[] s, int val, ref int i, out int j)
6      {
7        int w = 2;
8        j = x+y+i+w;
9      }
10  }
```

第 3 行定义了非静态变量 x，第 4 行定义了静态变量 y，第 5 行中的 s 是数组元素、i 是引用参数、j 是输出参数，第 7 行的 w 是局部变量。

变量作用域是可以访问该变量的代码区域。确定规则：①类在某作用域内，其字段也在该作用域内；②局部变量存在于结束的封闭大括号之前；③循环语句中的局部变量存在于该循环体内。

注意：在 C#中，不能定义全局变量。

二、类型

C#类型包括值类型和引用类型，如图 2.1 所示。值类型包括简单类型、枚举、结构等，引用类型包括类、接口、委托、数组等。

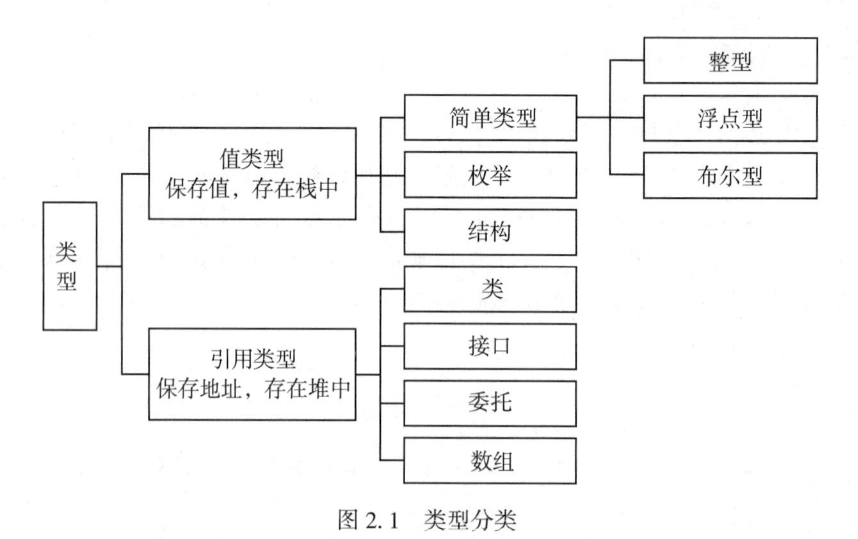

图 2.1　类型分类

1. 简单类型

C#类型可分为内建系统类型和自定义类型。有 5 种 C#类型可由用户自定义：类类型、结构类型、接口类型、枚举类型和委托类型。其他的都是系统内建好的，用户可直接使用。C#中有 15 个预定义类型，其中有 13 个值类型和两个引用类型(string 和 object)，13 个值类型见表 2-2。

表 2-2　　简单类型

类型	关键字	位数	范　围
整数	sbyte	8	-128~127
	short	16	-32768~32767
	int	32	-2147483648~2147483647
	long	64	-9 223 372 036 854 775 808　~9 223 372 036 854 775 807
	byte	8	0~255
	ushort	16	0~65535
	uint	32	0~4 294 967 295
	ulong	64	0~18 446 744 073 709 551 615
浮点	float	32	$\pm 1.5 * 10^{-45} \sim \pm 3.4 * 10^{38}$
	double	64	$\pm 5.0 * 10^{-324} \sim \pm 1.7 * 10^{308}$
高精度小数	decimal	128	$\pm 1.0 * 10^{-28} \sim \pm 7.9 * 10^{28}$
布尔值	bool	1	true/false
字符	char	15	

2. 字符串

字符串变量 string 类型是包含字母或数字字符的序列，它可以用来存放或查询操作的信息。string 是用得最多的类型之一，是一个特殊的引用类型，直接派生于 Object。

创建一个 string 对象后，它所代表的字符集不能修改。当把一个字符串变量赋给另一个字符串时，会得到内存中同一字符串的两个引用。但是，修改其中一个字符串，注意这会创建一个全新的 string 对象，而另一个字符串没有改变。通过加前缀@，使编译器严格按照原样对其编译，字符串各种格式和转义字符将按原样输出。字符串的成员见表 2-3。

表 2-3 **字符串的成员**

成员	作用	成员	作用
Length	返回字符串长度	Substring()	子字符串
Contains()	判断是否包含字符串	Replace()	字符串替换
Format()	格式化字符串	Split()	字符串分隔方法
Insert()	插入方法	ToUpper()	转为大写
Remove()	修改字符串	ToLower()	转为小写

【例 2】字符串操作:“加”法、取子字符串、替换、插入等。

```
1   static void Main()
2   {
3           string s1 ="小鸟";
4           string s2 = s1+"飞翔";
5           string s3 = s2.Substring(1, 3);
6           s3 = s2.Replace("飞翔", "自由");
7           s3 = s3.Insert(2,"-");
8           bool isEqual = (s1 == s2);
9           bool isContain = s2.Contains("鸟飞翔");
10          s1 = string.Format("小鸟飞了{0}公里", 9);
11  }
```

第 3 行定义一个字符串变量 s1,并赋值。

第 4 行实现字符串“加”法,结果:s2=“小鸟飞翔”。

第 5 行从字符串的开始位置 1,取得长度为 3 的子串,结果:s3=“鸟飞翔”。

第 6 行把 s2 中子串“飞翔”替换为“自由”,结果:s3=“小鸟自由”。

第 7 行从位置 2,插入字符串“-”,结果:s3=“小鸟-自由”。

第 8 行判断两个字符串是否相等,结果:isEqual = false。

第 9 行判断 s2 中是否包含某字符串,结果:isContain=true。

第 10 行静态方法 Format,格式化一个字符串,它与控制台程序格式化是相同的,结果:s1=“小鸟飞了 9 公里”。

3. 数组

数组是一个元素序列,包含一些变量的数据结构,这些变量被称为元素。数组是引用类型,而不是值类型。当创建数组实例时,根据数组实例中所有元素的类型,编译器把这些元素初始化为一个默认值。内置数值型(如 int)元素初始化为 0,枚举型元素也初始化为 0。Bool 型元素初始化为 false,引用型元素初始化为 null。

一维数组类型的语法：　非数组类型[ ]

```
int[ ] a;                    //声明数组变量
a = new int[2];              //分配内存
a[0] = 6; a[1] = 4;          //赋值
```

多维数组一般形式为：

非数组类型[n 个逗号]

```
int[ , ] b = new int[3, 2] { { 1, 2 }, { 3, 4 }, { 5, 6 } };
int[ , ] c = new int[3, 2] {1, 2, 3, 4, 5, 6};
```

不规则数组

```
int[ ][ ]  data = new int [3][ ];
data[0] = new int[5];
```

在初始化数组变量时，可以使用简化语法：int[ ]　pins = new　int[4] {1, 2, 3, 4}；等价于：int[ ]　pins = {1, 2, 3, 4}；但是该简化语法只能在数组初始化时使用。

对数组元素的所有访问都要进行边界检查，如果使用的整数索引小于 0，或大于等于数组的大小，编译器将抛出一个异常。

数组常用方法：

Sort 是对数组元素进行排序；Clear 用于将一定范围内的元素设置为 0 或 null；Length 用于指定维度的元素个数。

【例 3】数组方法。

```
1   static void Main(string[ ] args)
2   {
3       string[ ] str = new[ ] {"C#", "Java", "Basic", "Fortran","Python"};
4       Array. Sort(str);
5       Console. WriteLine("{0,-10}{1,-10}", str[0], str[str. Length-1]);
6       string searchStr ="C#";
7       int index =Array. BinarySearch(str, searchStr);
8       Console. WriteLine("{0} is at index {1}",searchStr,index);
9       Array. Reverse(str);
10      Console. WriteLine("{0,-10}{1,-10}",str[0],str[str. Length-1]);
11  }
```

第 3 行定义一个字符串数值。

第 4 行对数组元素进行排序。

第 5 行输出结果是：Basic Python。

第 8 行输出结果是：C# is at index 1。

第 10 行输出结果是：Python Basic。

常见数组编码错误见表 2-4。

表 2-4　　常见数组编码错误

常见错误	改正后的代码
int number[ ];	int [ ] number;
int number[ ]; number={42,84,168};	int [ ]number; number= new int {42,84,168};
int[3] number={42,84,168};	int[ ] number={42,84,168};
int[ ] number={42,84,168}; Console. WriteLine(number[3]);	int[ ] number={42,84,168}; Console. WriteLine(number[2]);
int[ ] number; Console. WriteLine(number[0]);	int[ ] number={42,84,168}; Console. WriteLine(number[0]);
int[ ][ ] number={{42,84},{82,168}};	int[ ][ ] number = {new int[ ]{42,84},new int[ ]{82,168}};

4. 枚举

枚举类型指的是一组已命名的数字常量，是一种用户自定义类型。使用 enum 关键字创建枚举类型，同时指定一个名称，并列出该枚举的可用值。推荐类型名和枚举成员的标识符定义中，每个单词的首字母都大写。

定义方式：

[修饰符] enum 标识符 {枚举列表};

例如：enum Days{Sat, Sun, Mon, Tue, Wed, Thu, Fri}

引用枚举成员：可以在类或命名空间中，使用枚举名、点和成员名来声明枚举。例如：

```
Days  today = Days. Mon;
```

枚举中每个常量都对应着一个数值，默认从 0 开始，每个后续值都为前一个值加 1。如要枚举成员具有某些特定值，可以在创建枚举的同时对其赋值，例如：

```
enum Planet{Mercury=2437, Venus=6905, Earth=6378}
enum Satellite{GPS=1, GLONASS=2, BeiDou=4, GALILEO=8}
```

5. 结构

结构是几个数据组合在一起而形成的数据结构。和类一样，结构可以包含数据成员和函数成员。与类不同的是，结构是值类型(不用分配堆)，定义方式为：

```
修饰符 struct 结构名
{
   //结构体
   修饰符 类型 字段;          //数据成员
```

```
    修饰符 类型 方法()
    {…}  //方法
}
```

结构类型的变量直接保存结构的数据，而不是对象的引用。结构存在的原因，一般情况下，用类即可满足要求；但如果要求程序的性能高(运行快，节省空间)，对于小的数据结构，用结构可以节省存储空间。

【例 4】结构。

```
1   struct Point
2   {
3       public int x, y;
4       public Point(int x,  int y)
5       {
6           this. x=x;
7           this. y=y;
8       }
9   }
10  static void Main(string[] args)
11  {
12      Point p = new Point(10, 20);
13      Console. WriteLine ("X={0:0.00}\nY={1:0.00}",  p. x, p. y);
14  }
```

6. var 间接类型声明

var 关键字是定义数据类型的间接方式。用 var 类型预先不用知道变量的类型；根据给变量赋值来判定变量属于什么类型：

```
var a =1;              //则 a 是整型，
var b = "qwer";        //则 b 是字符型
```

一般情况下，编译器会在编译过程中验证数据，并在编译过程中创建适当的类型。在此实例中，编译器将检查 Test，并在生成 IL 代码时将 var 关键字替换为字符串。

但使用 var 类型要注意：①必须在定义时初始化，即不能先定义后初始化，如 var a, a = 1；这样是不允许的；②一旦初始化完成，不能再给变量赋予初始化不同的变量；③var类型的变量必须是局部变量。

三、类型转换

变量类型之间的主要转换方法有：隐式转换、强制类型转换、Parse 解析、

Convert 类。

1. 隐式转换

隐式转换的一般规则如图 2.2 所示：①整数类型间的隐式转换只可能从较小(指类型的范围)的类型向较大类型转换；②整数和浮点数间的隐式转换可以在相同大小的类型间进行；③无符号类型可以向有符号类型隐式转换，只要无符号变量值的大小在有符号的变量限制之内即可。

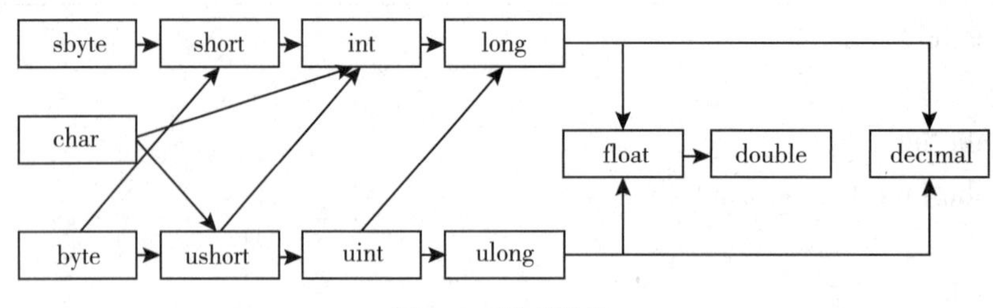

图 2.2　隐式转换

另外，关于数值类型的隐式转换，还有几点问题需要说明：只能从范围较小的整数类型隐式转换为范围较大的整数类型；有符号数据类型不可以向无符号数据类型转换，例如不可以将 short 类型变量向 ushort 类型变量转换，也不可以向 uint 类型转换；字符变量可以向数值类型转换，但是由数值类型向字符类型的隐式转换不成立；浮点类型数据不可以向小数类型转换。整数类型、字符类型数值可以向小数类型转换；可以从 int、uint、long 数据类型向单精度数据类型转换，当进行这一过程或者从 long 数据类型向双精度数据类型转换时，可能会引起丢失数据精度的情况。

2. 强制类型转换

隐式转换不能满足所有编程的需要，很多时候还是需要强制类型转换的。强制类型转换告诉编译器将一种类型的变量转换为另外一种类型的变量。但强制类型转换是一种危险操作，它可能导致数据丢失或数据溢出，从而得不到所需的结果，所以在执行显式转换之前一定要清楚自己在做什么。

强制类型转换语法如下：

type　变量 1=(cast-type)变量 2;

double d = 3.4;

int v1 = (int)(5 + d);

ToString 函数：将变量转化为字符串

int i=250;

string s=i.ToString();

3. Parse 解析

Parse 解析是利用 Parse 方法进行不同类型之间的转换。

string str=“3. 14156”;
double pi=double. Parse(str);
int year=int. Parse(“2015”);
注意：Parse 解析时可能会产生异常。
int. Parse(null);　　　　//会产生异常
int. Parse(“4. 5”)会产生“输入字符串不正确”。

4. Convert 类进行转换

利用 Convert 类将一种基本数据类型转化为另一种基本数据类型。Convert. ToDouble( )转化为双精度；Convert. ToInt32( )转化为整形；Convert. ToSingle( )转化为单精度。例如：

double r = Convert. ToDouble(“3. 14”);　　//字符串转换为双精度
int year=Convert. ToInt32(“2015”);　　　//字符串转换为整型

【例 5】整数相加。

```
1   static void Main(string[ ] args)
2   {
3       int number1, number2, sum;
4       Console. WriteLine("输入第一个整数:");
5       number1 = Convert. ToInt32(Console. ReadLine( ));
6       Console. WriteLine("输入第二个整数:");
7       number2 = int. Parse(Console. ReadLine( ));
8       sum = number1 + number2;
9       Console. WriteLine("Sum is {0}", sum);
10  }
```

第 5 行将输入的字符串转换为整数，赋值给 number1。
第 7 行将输入的字符串转换为整数，赋值给 number2。

四、运算符

1. 常用运算符

运算符用于执行程序代码运算，会针对一个以上操作数项目来进行运算。例如：“2+3”，其操作数是 2 和 3，而运算符则是“+”。常用运算符见表 2-5。

表 2-5　　**运算符**

<table>
<tr><th>类别</th><th>运算符</th></tr>
<tr><td>特殊</td><td>( )、[ ]、new、typeof、sizeof、checeked、unchecked</td></tr>
<tr><td>一元</td><td>+、-、!、~ 、++、--和数据类型转换</td></tr>
<tr><td>算术</td><td>* , / , % , + , -</td></tr>
<tr><td>位</td><td>>>,<<;&; |;^;~</td></tr>
<tr><td>关系</td><td>>、<、>= 、<= 、is ; = = 、! =</td></tr>
<tr><td>逻辑</td><td>&&, | | , !</td></tr>
<tr><td>条件</td><td><条件> ? <表达式 1> : <表达式 2></td></tr>
<tr><td>赋值</td><td>=、* = 、/ = 、% = 、 + = 、- = 、 <<= 、>>= 、= 、^= 、| =</td></tr>
</table>

算术运算符是指对数值(如整数、小数等)进行算术运算所用的运算符，包括：加(+)、减(-)、乘(*)、除(/)、取余(%)。

(1)自增和自减运算符包括：++，--。自增运算符其实是加 1 的简化表示法，自减运算符是减 1 的简化表示法。例如 x=x+1，用自增表达式表示为：x++，或++x。

(2)点运算符：指定类型或命名空间的成员。例如：

System. Console. WriteLine("hello");

(3)new 运算符：创建对象和调用构造函数。例如：

object obj = new object();

(4)方括号[ ]运算符用于数组、索引器和特性。例如：

数组类型：int[ ] fib = new int[100];

索引器：h["a"] = 123;

特性：

[attribute(AllowMultiple=true)]

public class Attr

{……}

(5)位运算符的计算方法见表 2-6。

表 2-6　　**位运算符计算示例**

<table>
<tr><th>运算符</th><th>名称</th><th>范例</th><th>计算过程解释</th></tr>
<tr><td>&</td><td>按位与</td><td>9&5→1</td><td>0000 1001 & 0000 0101→0000 0001</td></tr>
<tr><td>|</td><td>按位或</td><td>9|5→13</td><td>0000 1001 & 0000 0101→0000 1101</td></tr>
<tr><td>^</td><td>按位异或</td><td>9^5→12</td><td>0000 1001 & 0000 0101→0000 1100</td></tr>
<tr><td>~</td><td>取反</td><td>~9</td><td>~0000 1001→1111 0110</td></tr>
<tr><td><<</td><td>左移</td><td>3<<4→48</td><td>把 0000 0011 左移 3 位→0011 0000</td></tr>
<tr><td>>></td><td>右移</td><td>15>>2→3</td><td>0000 1111 右移 2 位→0000 0011</td></tr>
</table>

2. 运算符的优先级

运算符优先级高的先于优先级低的运算符进行运算，优先级顺序为：特殊>一元>算术>增量>移位>关系>相等>逻辑>条件>赋值。

运算符并不是按照表达式的书写顺序依次执行的，不同的运算符具备不同的运算顺序，例如：算术运算符的优先级高于关系运算符。

有些同类运算符优先级也有高低之分，例如，在算术运算符中乘、除、求余的优先级高于加、减。

逻辑运算符的优先级按从高到低排列为：非、与、或。

可以使用圆括号明确运算顺序，强制改变表达式的执行顺序。

3. 运算符的结合性

结合性表示当优先级相同的时候，按照运算符的结合方向确定运算的次序。运算符的结合性分为两种方式：左结合(从左到右)，右结合(从右向左)。只有三个运算符是从右至左结合的，它们分别是：一元运算符、条件运算符、赋值运算符。

点运算是自左向右结合的，因此 a. b. c 的含义是(a. b). c 而不是 a. (b. c)。例如：

System. Console. Write("OK");　　// 等价于：(System. Console). Write("OK");

建议：多使用圆括号明确求值的顺序，同时还可以增加表达式的可读性，在任何情况下圆括号都不会减慢程序运行的速度，多余的圆括号将由编译器删除。

【例 6】 计算圆柱体的表面积。

```
1   static void Main(string[] args)
2       {
3           double PI = 3.14159265;
4           double r=double.Parse(Console.ReadLine());
5           double h = double.Parse(Console.ReadLine());
6           double s1 = PI * r * r;
7           double s2 = 2 * PI * r * h;
8           double area = 2 * s1 + s2;
9           Console.WriteLine( "Area={0}",area);
10      }
```

五、表达式

1. 表达式的构成

表达式是运算符和操作数的序列，由数字、算符、数字分组符号(括号)、自由变量和约束变量等(表 2-7)，排列组合构成以得到所需数值。约束变量在表达式中已被指定数值，而自由变量则可以在表达式之外另行指定数值。

一般形式：<表达式> 运算符 <表达式>。

表 2-7　　**表达式示例**

类别	范例	类别	范例
算术	3+6.4 * 5	逻辑	x! =y && a>b
自增	i++	布尔	a>b && x= =y
自减	i--	条件	a>b? a:b
赋值	b+=4	位	a<<2; a & b
关系	a>b;　x! =y		

2. 表达式的求值

表达式的求值实际上是一个数据加工的过程，通过不同的运算符可以实现不同的数据加工。在计算时，要根据表达式中运算符的优先级和结合性，按照优先级从高到低进行运算。

表达式的运算结果不一定是一个具体值，但常规表达式的运算结果是具有特定类型的具体值。

例如，Console. WriteLine(x+2)；//无返回值，它是在屏幕上显示字符串。

表达式的放置：只要表达式的最终计算结果是所需的类型，表达式就可以放置在任何需要值或对象的位置上。

例如，在 Convert. ToDouble(st)的参数位置 st 中，可以是字符串常量，也可以是计算结果为字符串的表达式。

double r1= Convert. ToDouble("3. 14");

double r =3. 14;

double r2= Convert. ToDouble(r. ToString());

其中 . ToString()是将结果转化为字符串。

【例 7】 求一元二次方程 $x^2+3x+2=0$ 的两个实根。

```
1  static void Main()
2  {
3          double A = 1, B = 3, C = 2;
4          double d = B * B - 4 * A * C;
5          double x1 = (-B + Math.Sqrt(d))/(2 * A);
6          double x2 = (-B - Math.Sqrt(d)) / (2 * A);
7          Console.WriteLine("x1={0};x2={1}",x1,x2);
8  }
```

3. 数据类型、表达式以及语句之间的关系

表达式是由数据类型与运算符构成的，在表达式后面加上分号“;”，就构成了语句，如图2.3所示。

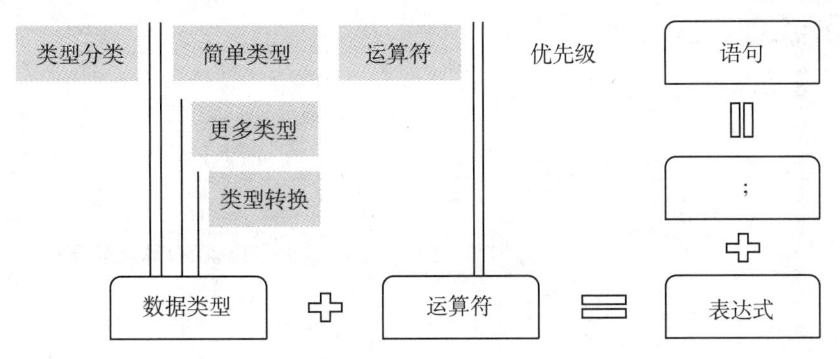

图2.3　数据类型、表达式以及语句之间的关系

六、案例实训

【例8】假如你从30°N，114°E的位置出发，以885km/h的地面速度在10km的高度飞行8小时，航行与北方向成恒定45°，你会到哪里?（假设地球为球形，半径为6371km）。

1. 程序演示

同第1章“五、案例实训”一样，创建项目，在Main函数中输入源码，如图2.4所示。

2. 常用的编辑工具

1）注释模板

在函数（或方法）前输入“///”，会自动产生注释模板，如图2.4中的①所示，然后在模板相应位置添加注释内容。

2）代码折叠

如图2.4中②所示，在有“-”符号的地方单击，可以进行代码折叠。在有“+”的地方单击，可以展开代码，如图2.4中③所示。

3）代码注释

在IDE中，可以进行多行代码的快速注释，如图2.4中④所示，选中第24、25行，然后单击如⑤“注释选中行”，实现多行代码注释。如果有注释行，可以通过单击如⑥“取消对选中行的注释”，取消注释。

4）智能提示

IDE具有代码补全的智能提示功能，在输入“.”符号时，可以弹出代码补全对话框，

图 2.4　主要的编辑功能

从其中选择所需要的选项，快速而准确地完成代码，如图 2.5 所示。

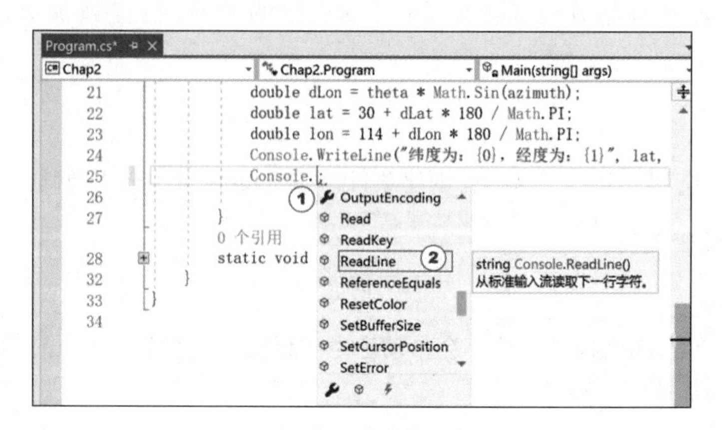

图 2.5　智能提示

七、综合练习

1. 看视频文件"EX2-1 数组练习 .mp4"，学习：(1)一维数组的声明；(2)一维数组的实例化和赋值；(3)一维数组的使用；(4)多维数组的声明；(5)多维数组的实例化和赋值；(6)多维数组的使用。

2. 看视频文件“EX2-2 字符串练习 .mp4”，学习：（1）字符串的声明；（2）Contain、Replace、Split 等方法应用；（3）Format 方法应用。

3. 在 C#中，下列常量定义正确的是__________。

A. const double PI 3. 1415926　　B. const double e=2. 7

C. define double PI 3. 1415926　　D. define double e=2. 7

4. 在 C#中，下列代码运行后，变量 Max 的值是__________。

```
int a=5, b=10, c=15;
Max = a>b? a: b;    Max = c<Max? c: Max;
```

A. 0　　B. 5　　C. 10　　D. 15

5. 表示一个字符串的变量应使用以下哪条语句定义？

A. string str;　　B. CString str;　　C. char * str;

6. 请写出以下程序运行结果：

```
public void Main()
{
    int[] M = {4, 8, 16, 32};
    int[] N = {3, 1, 2, 4, 6, 2, 6};
    for (int i = 0; i < M. Length; i++)
    {
        Console. WriteLine("{0}: {1}", i, M[i] * N[i]);
    }
}
```

第 3 章　语句与方法

一、语句的种类

语句是程序中有意义的完整句子，句子可定义变量、函数和类型，它们构成了程序。语句是由关键字、表达式、空白、标点和分割符号组成的，通常以分号“;”结束。程序所执行的操作以“语句”表达。常见操作包括声明变量、赋值、调用方法、循环，以及根据给定条件进入到其他代码块。

(1)声明语句：声明语句引入新的变量或常量。逗号分隔多个变量，声明时可为变量赋值。在常量声明中必须赋值。

(2)表达式语句：表达式以分号结尾，构成表达式语句。在计算值的表达式中，变量必须有值。

(3)选择语句：用于根据指定条件分支到不同的代码段。

(4)迭代语句：迭代语句用于遍历集合，或重复执行同一组语句直到满足指定的条件。

(5)跳转语句：跳转语句将控制转移到另一代码段。

(6)lock 语句：lock 用于限制一次仅允许一个线程访问代码块。

(7)using 语句：引用名字空间(如 using System;)。

(8)异常处理语句：用于从运行时发生异常情况下的正常恢复。

(9)标记语句：为语句指定一个标记 GoHere，然后使用 goto 跳转到该标记语句。goto 语句容易破坏程序的结构，所以不要用 goto 语句。

(10)注释语句：系统不执行注释语句，// 是注释一行，/*　*/可注释多行。

二、选择语句

选择语句用于选择控制，它们包括 if、else、switch、case 等语句关键字。

1. if 语句

if 语句的一般形式如下：

```
if(条件表达式 1)
   {    语句块 1          }
else if(条件表达式 2)
```

{　语句块 2　　　}

……

else

{　语句块 n　　　}

【例 1】计算圆的面积。

```
1   static void Main( )
2   {
3     double radius, area;
4     radius = double. Parse( Console. ReadLine( ) ) ;
5     if (radius>0)
6   {
7         area = Math. PI * radius * radius;
8         Console. WriteLine( " 面积{0} " ,area) ;
9     }
10    else
11    {
12        Console. WriteLine( "{0}不合理" ,radius) ;
13    }
14  }
```

说明：当程序执行时，用户输入 radius 的数值，根据 radius 数值执行 if 语句或者 else 语句。

【例 2】将年月日转化为儒略日。

JD = 1720981. 5+365. 25×Year+30. 6(Month+1) +Day

```
1   intYMD2JD( int year, int month, int day)
2   {
3       int y, m;      double jd;
4       if (month <= 2)
5           {y = year-1; m = month + 12;}
6       else
7           {y = year; m = month; }
8       jd =  365. 25 * y +30. 6 * (m+1) + 1720981. 5+day;
9       return int. Parse(jd) ;
10  }
```

【例 3】三天打鱼两天晒网。某人从 2000 年 1 月 1 日起开始“三天打鱼两天晒网”，问他今天是“打鱼”还是“晒网”？

解题思路：计算从 2000 年 1 月 1 日开始至指定日期共有多少天；由于“打鱼”和“晒网”的周期为 5 天，所以将计算出的天数用 5 去除；根据余数判断他是在“打鱼”还是在“晒网”；若余数为 0，1，2，则他是在“打鱼”。

```
1   public int TotalDay(int year, int month, int day)
2     {
3         int day2000 = YMD2JD(2000, 1, 1);
4         int today = YMD2JD(year, month, day);
5         return today - day2000;
6     }
7   static void Main()
8   {
9       int totalDay = TotalDay(2018, 9, 10);
10      int res = totalDay % 5;
11      if (res < 3)
12           Console.WriteLine("他在打鱼!");
13      else
14           Console.WriteLine("他在晒网!");
15  }
```

2. switch 语句

swictch 语句可以根据某个带测试参数的值选择要执行的代码。它适用于参数表达式有多个值的情况。其形式是 switch 参数的后边跟一组 case 子句，可以用 default 捕捉所有不符合 case 标识的值。

每个 switch 语句块结束必须使用 break 语句，否则就会产生编译错误(与 C 和 C++不同)。在 switch 表达式中求值的类型必须为整型、字符型、字符串、枚举类型或是能够隐式转换为上述类型的类型。

一般形式为：

```
switch (表达式)
{
    case  value1 :   {语句块 1}    break;
    ……
    case  value N : {语句块 N}    break;
    [default]
}
```

【例4】出牌。

```
1  static void ShowCard(int cardNumber)
2  {
3      switch (cardNumber)
4          {
5              case 13:  Console.WriteLine ("King");     break;
6              case 12:  Console.WriteLine ("Queen"); break;
7              case 11:  Console.WriteLine ("Jack");     break;
8              case 1:    Console.WriteLine ("Ace");    break;
9              default:  Console.WriteLine (cardNumber); break;
10         }
11 }
```

三、循环语句

迭代语句又称为循环(控制)语句，用于进行循环的控制。循环可以实现一个程序模块的重复执行。C#提供了若干种循环语句，它们包括：while、do while、for、foreach。

1. while语句和do while语句

while循环是预测试循环，即先判断条件表达式。语法格式为：

```
while(条件表达式)
{
    语句块
}
```

执行过程：判断条件表达式，若为真，则执行一遍循环体，否则结束循环语句。

do while循环的语法格式为：

```
do
{
    语句块
} while(条件表达式);
```

执行过程：①执行一遍循环体；②判断条件表达式，若为真，则执行一遍循环体，否则结束循环语句。

【例5】有一道趣味数学问题。有30人，有男人、女人和小孩，在一家饭馆吃饭花了50先令；每个男人花3先令，每个女人花2先令，每个小孩花1先令；问男人、女人和小孩各有几人？

问题分析与算法设计：设men，women，kid分别代表男人、女人和小孩，

men+women+kid=30　　(1)

3men+2women+kid=50　　(2)

2men+women=20　　(3)　　(men 变化范围是 0~10)

```
1   int men, women, kid;
2   Console.WriteLine("Men Women Kid");
3   men = 0;
4   do
5       {
6               woman = 20 - 2 * men;       //From equation
7               kid = 30 - men - women;
8               if (3 * men + 2 * women + kid == 50)
9                   Console.WriteLine(" {0}   {1} {2}", men, women, kid);
10              men++;
11      } while (men <= 10);
```

2. for 循环

for 语句是 C#中使用频率最高的循环语句。在事先知道循环次数的情况下，使用 for 语句是比较方便的。for 语句的基本语法格式为：

for(初始化表达式；布尔表达式；迭代表达式)
{
    内嵌语句
}

【例 6】投六面骰子。

```
1   void Main(  )
2       {
3           Random randNum = new Random();
4           int face;
5           for ( int i= 1; i <= 20; i++)
6           {
7               face = randNum.Next( 1, 7);
8               Console.Write( "{0}   ", face);
9           }
10      }
```

3. foreach 循环

foreach 语句收集一个集合中的各元素，并针对各个元素执行内嵌语句。语法格式为：

```
foreach(类型 变量 in 集合)
  {  内嵌语句  }
```

例如：

```
int[ ] values= new int[ ] {1, 2, 3, 4, 5}
foreach(int i in values)
Console. Write(i. ToString( )+" ," ) ;
```

结果为：1，2，3，4，5。

四、跳转语句

使用跳转语句，我们可以退出循环，或者跳过一次循环的剩余部分，直接开始一次新的循环，即使条件表达式当前仍然为 true。

跳转语句包括以下四种：

(1) break：终止当前循环；

(2) continue：终止此次循环；

(3) goto：跳到标识位置；

(4) return：终止当前函数。

因为 goto 语句容易破坏程序的结构，所有我们不主张使用 goto 语句。

【例 7】 跳转语句。

```
1   int i=9;
2   while(i<10)
3   {
4       if(i<0) break;
5       else if(i%2 ==0)
6        {
7           i--;
8           continue;
9        }
10      else
11      {
12        Console. WriteLine(i) ;
13        i--;
14      }
15  }
```

五、方法与参数

1. 方法与参数传递

方法(Method)或函数(Function)是组合一系列语句，执行一个特定操作或计算一个特殊结果的方式。

参数传递：通过参数接收数据，从调用者向目标方法传递数据，方法也通过一个返回值将数据返回给调用者。

注意：①每个方法都应该限制成执行单一的、定义良好的任务，并且方法名应该有效地表示这项任务。这样的方法使程序更容易编写、调试、维护和修改。②如果不能选择简洁的名称表示方法的任务，就表明这个方法可能试图执行太多不同的任务。通常，最好是将这样的方法拆分成几个更小的方法声明。③不要事事亲自动手，只要有可能，就应该复用 FCL 中的类和方法。这样可减少程序开发的时间，避免引入编程错误，并会获得好的程序性能。

2. 方法的调用

方法调用的元素包括：命名空间、类型名称、方法名称、参数、返回数据类型。调用方式有以下两种：

(1)静态方法调用：命名空间．类型名．方法名(参数)；

(2)非静态方法调用：对象名．方法名(参数)。

方法的调用见图 3. 1 的示例。

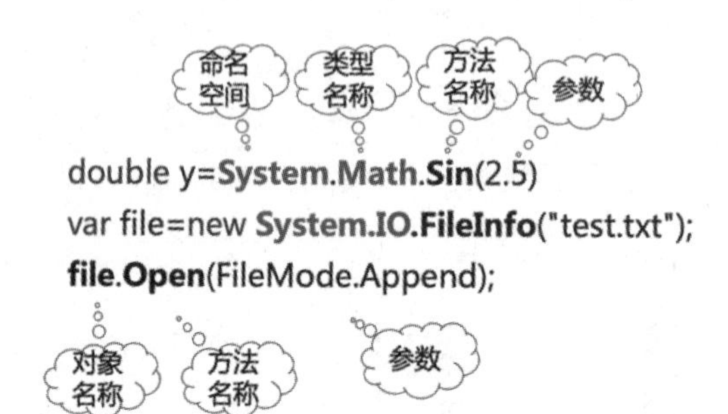

图 3. 1　方法调用示例

3. 方法的声明

方法是代码的逻辑片断，它可以执行特定的操作。方法是有指定名称的一组语句，每个方法都具有一个方法名和一个方法体。某些代码段常常要在一个程序中运行好多次，我们就可以把这些相同的代码段写成一个单独的功能单元，需要的时候调用它。声明语法：

<修饰符> 返回类型 方法名（类型 参数 1，…）
{
代码段
}

方法使用的规则：①在声明方法时，必须指定方法的返回类型。如果没有返回值，则必须指定返回类型为 void。②即使方法不带参数，方法名后也必须包括一对空的圆括号。③在调用方法时，在返回类型、参数个数、顺序及类型等方面要精确匹配。④方法返回类型和方法参数列表合称为方法签名。

从方法中返回值：①使用关键字 return，后跟需要返回的数值；②如果方法的返回类型是 void，则就不必使用 return。

【例 8】计算三角形的面积。

```
1  public static double TriangleArea(double a, double b, double c)
2    {
3          double p = (a + b + c)/2;
4          return Math.Sqrt(p * (p - a) * (p - b) * (p - c));
5    }
```

4. 方法的参数

方法定义中的参数称为形参，在调用方法时使用的参数称为实参。形参与实参可以同名，但不是同一个东西。方法的参数有四种类型，它们是：

(1)值参数(无修饰符)：值参数是单向传递，实参的值赋给形参。

(2)引用型参数(ref 修饰的数值类型的参数，或非内建引用类型定义的参数)：当利用引用型参数传递时，系统把实参在内存中的地址传递给方法的形参。与值参数不同，引用型参数并不开辟新的内存区域，实参与形参共用同一内存单元。

(3)输出型参数(out 修饰符)：使用关键字 out 可以避免多余的初始化。当需要通知编译器将在方法内部进行变量初始化时，可使用 out。当需要通过方法参数同时返回多个值时，可以使用 out。

(4)数组型参数(params 修饰符)：数组型参数可以使用个数不定的参数调用方法，在定义形参前要用 params 修饰符。在调用时，实参前不要用 params 修饰符。

需注意：params 关键字只能修饰一维数组，不能仅基于 params 关键字重载方法，params 关键字不是方法签名的组成部分。不允许对 params 数组使用 ref 或 out 关键字，params 数组必须是最后一个参数，且只能有一个。类型转换规则使用于 params 参数。

【例 9】值参数和引用型参数。

```
1   void Main ( )
2   {
3       string fullName = Combine(@"c:\Data","index.html");
4       double first = 10, second = 20;
5       Swap(ref first, ref second);
6   }
7   string Combine(string folder, string file)
8   {
9       string path = string.Format("{0}\\{1}", folder, file);
10      return path;
11  }
12  void Swap(ref double first, ref double second)
13  {
14      double temp = first;
15      first = second;
16      second = temp;
17  }
```

【例 10】输出型和数组型参数。

```
1   void Main()
2   {
3       char button;
4       GetPhoneButton('b',out button);
5       int[] num = new[] {3, 6, 9};
6       double total = Sum(num);
7   }
8   void GetPhoneButton(char c,out char button)
9   {
10      switch (c)
11      {
12          case '1':  button = '1'; break;
13          case '2': case 'a':  case 'b':  case 'c':  button = '2'; break;
14          default:  button = '-'; break;
15      }
16  }
17  double Sum(params int[] numbers)
```

```
18 {
19     int total = 0;
20     foreach (var i in numbers) { total += i;  }
21     return total;
22 }
```

六、错误与调试

1. 错误分类

程序错误主要有语法错误、运行错误和逻辑错误三种形式。

(1)语法错误：语法错误是程序员在编写程序时没有遵循语法规范而产生的错误。如关键字拼写错误，函数名后无小括号等错误。

编译时出现这些错误提示，编译失败。语法错误在编译时可以确定，如果不更正这些错误，将无法执行程序。这类错误是易于发现和修改的。

(2)运行错误：有些程序能够顺利通过编译，但是在运行时出现错误。例如，用零作除数，数组的下标溢出等情况。这类错误在程序运行时出现，会造成程序的中断，可以使用 try-catch、finally 语句解决。

(3)逻辑错误：代码能够顺利通过编译，程序在执行过程中不提示错误信息，也会有运行结果，但是结果不符合逻辑，或者跟我们预期的不一样。这些就属于逻辑错误。例如，把"+"写成"-"，程序运行正常，但结果是错误的。这种错误较难发现和修改。

调试可以帮助程序员寻找其中的错误，掌握调试技术是程序员的基本功。

2. 程序调试

Visual Studio 的调试器非常强大，但调试的基础知识是十分简单的。关键的三项技能是：①如何设置断点及怎样运行到断点；②单步执行，执行到函数体中，或越过函数调用；③怎样查看和修改变量、成员数据等值。

主要的热键：

(1)F9——设置断点/取消断点；

(2)F5——启动调试(运行到断点)；

(3)F10——单步执行(不 F11 跟踪进入函数)；

(4)F11——单步执行(跟踪进入函数)；

(5)Shift+F5——停止运行当前应用程序。

3. 异常处理语句

C#中的异常处理由 4 个语句(关键字)管理：try、catch、throw 和 finally。它们构成了一个相关子系统，一个关键字的使用隐含地使用另一个关键字。

try 语句块包含要监视的是否产生异常的程序语句，如果 try 语句块内的语句发生异常，那么就要抛出(throw)异常，然后使用 catch 语句捕捉此异常，并以合理的方式处理它。

.NET 异常处理机制的优点是：它允许程序响应异常错误并且继续运行。当出现了异常，catch 就会进行捕捉，所以并不会终止程序，而是会报告错误信息而后继续执行。

【例 11】使用 try 和 catch 捕获异常。try 语句块产生异常的部分，catch 语句捕捉异常，并进行处理。

```
1   try
2   {
3           int b = int.Parse("abc");
4   }
5   catch (Exception ex)
6   {
7           Console.WriteLine(ex.Message);
8   }
```

【例 12】try-catch-finally。try 语句块产生异常的部分，catch 语句捕捉异常，并进行处理，finally 语句块最终执行语句。

```
1   try
2   {
3           int b = int.Parse("abc");
4   }
5   catch (Exception ex)
6   {
7           Console.WriteLine(ex.Message);
8   }
9   finally
10  {
11          Console.WriteLine("执行结束");
12  }
```

七、案例实训

【例 13】输入圆的半径，计算其面积和周长。

1. 添加新项目

一个解决方案可以包含多个项目，添加新项目的方法如图 3.2 所示。在“解决方案”上右击，如图 3.2 中①处，在弹出对话框中单击“添加(D)”，如②处，单击“新建项目(N)”，如③处。新建项目过程如第 1 章“五、案例实训”所示。

项目创建完成后，右击新建的项目，在弹出的对话框中，单击“设置启动项目(A)”，如④处，将新建的项目设置为启动项目。

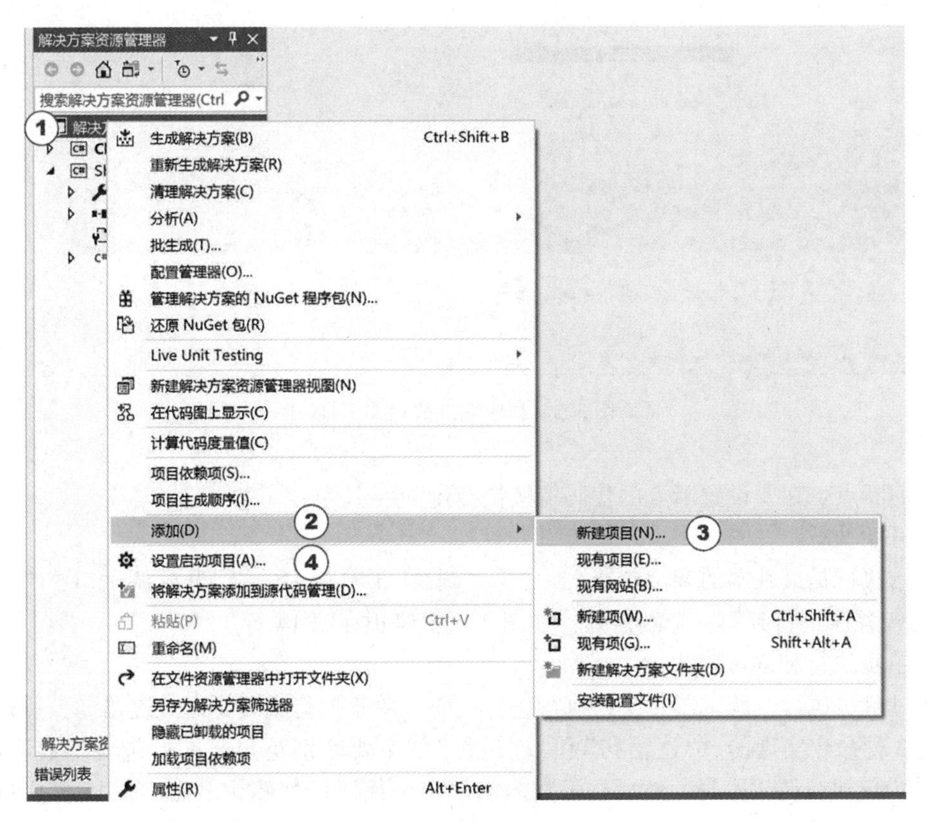

图 3.2　添加新项目

在新建项目的“program. cs”中，编写程序代码，如图 3.3 所示。

2. 程序调试

1)断点操作

断点通知调试器，使应用程序在某点上(暂停执行)或某情况发生时中断。发生中断时，称程序和调试器处于中断模式。进入中断模式并不会终止或结束程序的执行，所有元素(如函数、变量和对象)都保留在内存中。执行可以在任何时候继续。

插入断点：在要设置断点的代码行按快捷键 F9；或者右键单击要设置断点的代码行，在弹出的快捷菜单中选择“断点”→“插入断点”命令，如图 3.3 中①所示。

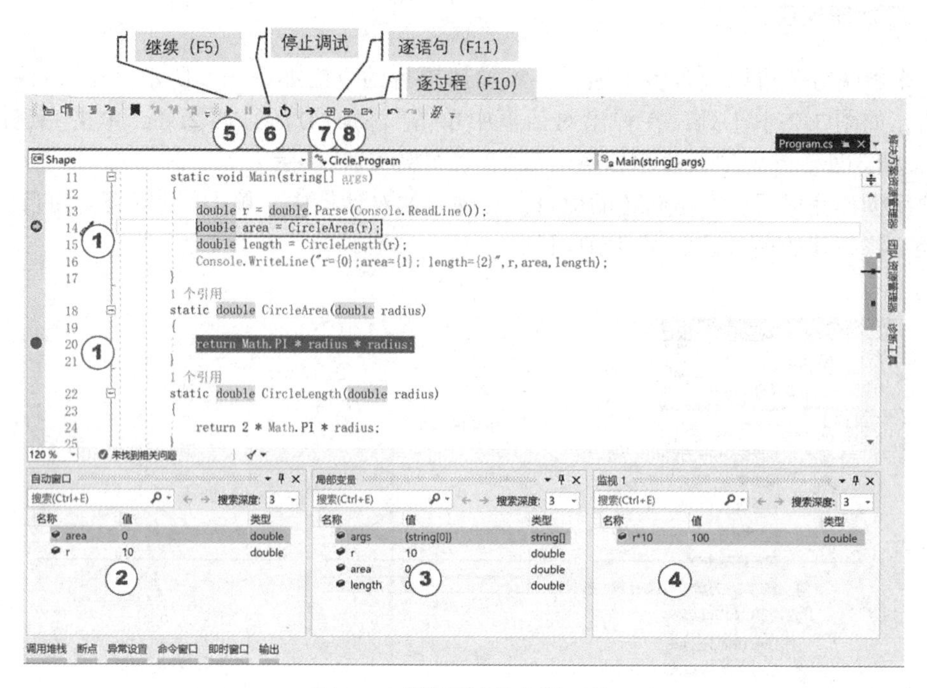

图 3.3　程序调试的相关工具

取消断点：在要设置断点的代码行按快捷键 F9。

2）开始执行

开始执行是最基本的调试功能之一，从“调试”工具栏中选择“开始调试（F5）”或按快捷键 F5，程序运行到第一个断点处，如图 3.3 中停止在第 14 行。

3）单步执行和逐过程执行

通过单步执行，调试器每次只执行一行代码，单步执行主要是通过逐语句、逐过程和跳出这 3 种命令实现的。“逐语句”和“逐过程”的主要区别是当某一行包含函数调用时，“逐语句”仅执行调用本身，然后在函数内的第一个代码行处停止。而“逐过程”执行整个函数，之后在函数外的第一行代码处停止。如果位于函数调用的内部并想返回到调用函数时，应使用“跳出”，“跳出”将一直执行代码，直到函数返回，然后在调用函数中的返回点处中断。

除了在工具栏中单击这 3 个按钮外，还可以通过快捷键执行这 3 种操作，启动调试后，按下 F11 键执行“逐语句”操作、F10 键执行“逐过程”操作、Shift+F10 键执行“跳出”操作。

4）调试相关的窗口

在调试过程中，有多个窗口用于调试。常用的窗口有“自动窗口”、“局部变量”、“监视”等窗口。

图 3.3 中②是“自动窗口”，在调试时，变量的值随着跟踪过程自动变化。

图 3.3 中③是“局部变量”窗口，在调试时，显示局部变量的值。

图 3.3 中④是“监视”，在调试时，可以输入表达式，计算相应的值。

八、综合练习

1. 看视频文件“EX3-1 坐标转换 . mp4”，学习：(1)参心大地坐标转换为参心空间直角坐标；(2)参心空间直角坐标转换为参心大地坐标；(3) 编译、运行。
2. 看视频文件“EX3-2 程序调试 . mp4”，学习：(1)断点的设置；(2)单步调试；(3)执行到当前位置；(4)进入函数体；(5)查看输出信息。
3. try-catch 语句是捕获和处理__________。
   A. 计算结果不正确的错误
   B. 程序运行时发生的异常
   C. 代码的语法错误
4. 以下关于 ref 和 out 的描述，错误的是__________。
   A. 使用 ref 参数，传递到 ref 参数的参数必须最先初始化
   B. 使用 ref 参数，必须将参数作为 ref 参数显式传递到方法
   C. 使用 out 参数，必须将参数作为 out 参数显式传递到方法
   D. 使用 out 参数，传递到 out 参数的参数必须最先初始化
5. 以下情况，不会发生异常的情况是__________。
   A. 程序运行时发生错误
   B. 计算结果不正确
   C. 用于读取的文件不存在
6. 异常可以被 __________定义的块捕捉。
   A. catch　　B. try　　C. finally
7. 下列关于异常的描述正确的是__________。
   A. 一个 try 块只能有一个 catch 块
   B. 一个 try 块可能产生多个异常
   C. 可以使用 throws 回避方法中的异常
   D. finally 块是异常处理所必须的
8. 运行下面这段代码，输出的结果是什么？

```
static void Main(string[] args)
    {
        int nowMinute = 0;
        for (int i = 1; i <= 60; i++)
        {
            AddMinute(nowMinute);
        }
        Console.WriteLine(nowMinute);
        Console.ReadLine();
```

```
    }
    private static void AddMinute(int nowMinute)
    {
        nowMinute++;
    }
```

9. 下面的代码拟输出1~20之间的倍数的整数，请指出其中的错误，并改正。

```
public Test()
  {
          int i;
          for (int i = 1; i <= 20; i++)
          {
              if(i%3 ! =0)
              {
                  continue;
                  Console.WriteLine(i.ToString());
              }
          }
  }
```

10. 下面是函数调用的例子，请写出程序的运行结果。

```
public double Judge(double a, double b, double c)
{
    double x=0.0;
    x=a>b? 10.0: b<c? 5.0: 12.0;
    return x;
}
……
double  x=judge(1.0, 8.0, 3.0);
问：x=?
```

11. 请写出下面程序的运行结果。

```
static void Main(string[] args)
  {
        int [] A = new int [] { 1, 2, 4, 0, -1 };
        try{
        foreach(int n in A)
            Console.WriteLine("1/{0}={1}", n, 1 / n);
        }
        catch (Exception e)
        {
```

```
            Console.WriteLine("exception!");
        }
        finally
        {
            Console.WriteLine("done!");
        }
        Console.ReadKey();
    }
```

12. 以下方法的功能是翻转字符串，请把该方法补充完整。

```
string reverse(string s)
    {
        string str=null;
        int j=________________;
        while(j>=0) (________________);
        return (________________);
    }
```

13. 请写出下面程序的运行结果。

```
    public static void Main()
    {
        int[] M = {4, 8, 16, 32};
        int[] N = {3, 1, 2, 4, 6, 2, 6};
        for (int i = 0; i < M.Length; i++)
        {
            Console.WriteLine("{0}: {1}", i, M[i] * N[i]);
        }
    }
```

第4章　类与对象

一、面向对象基本原理

现实世界与程序模拟之间的关系如图4.1所示。客观世界(事物)由各种各样的实体组成，这些实体称为对象，例如：司机、卡车、轿车等。每个对象都具有各自的内部状态和运动规律；而且，在外界其他对象或环境的影响下，对象本身根据具体事件做出不同的反应，进行对象间的交互。

按照对象的属性和运动规律的相似性，可以将相近的对象划分为一类。例如：卡车、轿车这一类对象可以划分为汽车类。复杂的对象由相对简单的对象通过一定的方式组成。例如：汽车对象可以由发动机、轮子、底盘等多个对象组成。不同对象的组合及其之间的相互作用和联系构成了各种不同的系统，构成了人们所面对的客观世界。

对象：具有自身状态和运动规律的客观世界的实体，对象是独立的代码单元。

类：描述有相同特性(属性)和行为(方法)的对象。

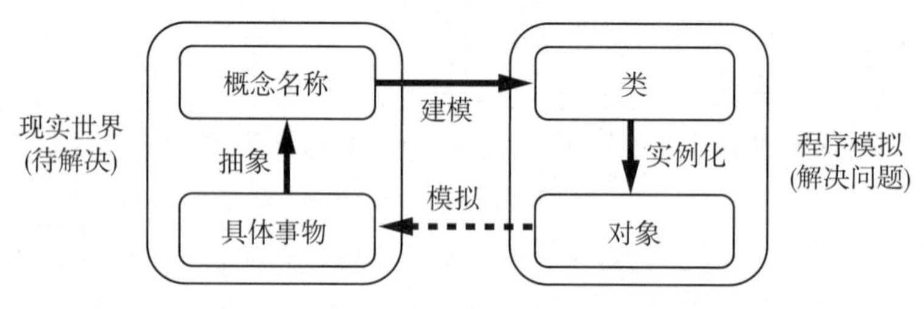

图4.1　现实世界与程序模拟之间的关系

面向对象的4个特性如下：

(1)抽象：通过分析与综合的途径，从具体事物抽出、概括出它们共同的方面、本质属性与关系等，而将个别的、非本质的方面、属性与关系舍弃。不进行抽象就无法用数据描述事物的信息。

(2)封装：指把属性和方法封藏在一个公共结构中，提高易用性、安全性。

(3)继承：派生类从基类继承属性和方法，实现代码重用。

(4)多态性：同一事件的多种表现形式。

采用面向对象编程的优点：第一，由于对象反映了现实世界的元素，所以使程序更易于设计。第二，对于用户而言，对象更易于使用，因为它们隐藏了用户不需要的数据。第三，由于代码可重复使用，因此开发效率有所提高。第四，降低了系统维护的难度，并且使系统易于适应业务需求的变更。

二、类与对象

1. 类的声明

类(类类型) 是一种用户定义的数据类型，本质上是一种人类认知事物所采用的模型，近似地反映事物内实体之间的关系。类的特点如下：①类具有自己的数据成员和函数成员；②类是对现实世界某一事物的抽象，数据成员是对事物属性的抽象，函数成员是对事物行为的抽象和对数据的操作。

一般我们用 class 定义类。以程序员的视角，把类定义为一种数据结构，它可包括数据成员、函数成员、内嵌类型。函数成员包括方法、属性、事件、索引器、重载运算符、构造函数和析构函数。内嵌类型可以是所有的用户自定义类型，如类、结构等。一般语法格式为：

```
<修饰符> class 类名 <：基类>
 {
   <修饰符>  类型   var_name = 初值；
    static   类名()        { 初始化代码 }
    <修饰符> 类名(参数列表){ 初始化代码 }
     ~类名()                 {析构代码}
    <修饰符> 类型 方法(参数列表){代码段}
    <修饰符> 类型 属性名
         {get{设置代码} set{获取代码}}
    <修饰符> 数据类型   this[索引类型 index]
         {get{ 获取代码 }   set{ 设置代码 } }
    public static 返回类型 operator 运算符(类型 参数 1，…)
         {运算符重载代码段      }
    <修饰符>   内嵌类型 类型名       //可以是类，结构等
         { 代码段 }
 }
```

【例 1】 长方形。

1	Public class Rectangle　　　　　　　　　//公有的长方形类
2	{
3	//数据成员
4	public int height;
5	public int width;

6	//函数成员
7	public Rectangle(int height,int width)//构造函数
8	{
9	this. height=height;
10	this. width=width;
11	}
12	public int Area( ) //计算面积的方法
13	{
14	return height * width;
15	}
16	}

2. 对象

对象是类的实例，由类的构造函数构造的具体实例。一般语法格式为：

```
class Car
{  发动机；车轮；座椅；       //数据
   移动( )；加速( )；刹车( )；//函数，操作
}
创建对象：Car car1;
赋值：      car1= newCar( );
操作：car1. 移动( )；car1. 刹车( );
```

3. 修饰符

修饰符是用于限定类型以及类型成员的声明的一种符号。C#有 13 种修饰符，按功能可分为三类：访问修饰符、类修饰符和成员修饰符。

访问修饰符是类、属性和方法的定义分级制度，包括：Public、protected、Internal、protected internal。类修饰符包括：abstract、sealed、static。成员修饰符包括：abstract、const、event、extern、override、readonly。

默认访问规则：命名空间 public，类 internal，类成员 private。对于一个类成员只能使用一个访问修饰符，成员的作用域永远不超出包含它的类。建议：应该只把那些要让类使用者看到的元素定义为 public，减少 public 的数量可以减少类的复杂度。

【**例 2**】用访问修饰符实现信息的隐藏。

1	public class Student //公有的学生类
2	{
3	private string name; //私有的 name

```
4          public Student( string st)//公有的构造函数
5          {
6              name=st;
7          }
8          public stringGetName( )//公有函数
9          {
10           return name;//类中成员可以访问本类的私有成员
11         }
12     }
13     class Program
14     {
15         static void Main( )
16         {
17             Student s1 = new Student("李明");   //定义学生对象变量
18             Console. WriteLine( s1. GetName( ) ); //学生对象的操作
19         }
20     }
```

三、类的成员

1. 类成员

类中可以包括数据成员、函数成员和内嵌类型。

(1)数据成员：数据成员包括常量和字段，描述的是对象的状态。

(2)函数成员：实现了类中的复杂计算和行为，包括方法、属性、索引器、重载运算符、事件、构造函数和析构函数。

(3)属性：定义了命名的属性和对这个属性进行读写的相关行为。

(4)事件：定义了由类产生的事件公告。

(5)索引指示器：允许类的实例通过与数组相同的方法来索引。

(6)操作符：定义了可以被应用于类的实例上的表达式操作符。

(7)构造函数：执行需要对类的实例进行初始化的动作。

(8)析构函数：执行在类的实例被销毁前要实现的动作。

2. 数据成员

数据成员包括常量和字段，字段是类中定义的变量。定义或声明字段的语法格式如下：

<修饰符>　类型　var_name;

<修饰符>　类型　var_name = 初值;

系统默认字段的可访问性是 private。推荐采用系统默认的私有字段，因为字段描述的是对象状态，如果不加保护地开放给用户，它们很容易遭到破坏性的修改，造成不可预知的错误。

正确的方法是：用函数成员中的属性封装它们，为用户提供安全的访问方法。

3. 方法

方法是代码的逻辑片断，它可以执行特定的操作。方法是有指定名称的一组语句，每个方法都具有一个方法名和一个方法体。某些代码段常常要在一个程序中运行好多次，我们就可以把这些相同的代码段写成一个单独的功能单元，需要的时候可以调用它。

方法的语法格式为：

<修饰符>　返回类型　方法名称(类型 参数 1，…)

{ 代码段 }

在声明方法时，必须指定方法的返回类型。如果没有返回值，则指定返回类型为 void。即使方法不带参数，方法名后也必须包括一对空的圆括号。在调用方法时，在返回类型、参数个数、顺序及类型等方面要精确匹配。方法返回类型和方法参数列表合称为方法签名。

使用关键字 return，后跟需要返回的数值。如果方法的返回类型是 void，则就不必使用 return。

【**例 3**】方法示例。

```
1  class Circle
2  {
3      //计算圆的周长
4      public double CircleLength(double radius)
5      {
6        return 2 * Math.PI * radius;
7      }
8  }
```

4. 类成员的访问

类成员的访问有三种方法：直接调用、“类名．方法”调用、“对象名．方法”调用。访问时，返回类型、参数个数、顺序及类型都需精确匹配。

【**例 4**】类成员的访问。

```
1   class Program
2   {
3       public static double CircleArea(double r)
4       {
5           return 3.14 * r * r;
6       }
7     static void Main( )
8       {
9           double r=CircleArea(9);                // 直接调用
10          Console.WriteLine(r);                  // 类名.方法
11          Circle c= new Circle( );
12          var length=c. CircleLength (5);        // 对象名.方法
13      }
14  }
```

本例中，CircleArea 方法与 Main 方法在同一个类中，故用直接调用；Console 是静态类，WriteLine 是它的静态方法，故用“类．方法”调用；CircleLength 是 c 对象的非静态方法，故用“对象．方法”调用。

5. 构造函数

构造函数的作用是为新创建的对象分配空间，并为该对象的成员变量赋值。构造函数是类中的特殊方法：其名称必须与类名相同，并且没有返回值。

构造函数分为静态和实例(非静态)构造函数两种。

(1)静态构造函数用于初始化类的静态字段。没有参数，没有访问修饰符(默认为私有)。声明语法如下：

static 类名( )

{ 初始化代码 }

静态构造函数并不对类的特定实例(对象)进行操作，不能直接调用静态构造函数。静态构造函数在类的第一个实例创建之前，或者在使用类的任何静态方法之前执行，而且最多执行一次。

静态构造函数不能访问非静态成员。

(2)实例(非静态)构造函数的声明语法如下：

<修饰符> 类名(类型 参数1，…)

{ 初始化代码 }

【例5】类成员的访问。

```
1   class C
2   {
3       public int a;              //实例字段 -- 非静态字段
4       public static int s;       //静态字段
5       static C( )                //静态构造函数
6       {
7           s=123;                 //初始化字段 s,但不能操作 a
8       }
9       public C(int a)            //实例构造函数
10      {
11          this. a = a;           //形参与实例字段同名
12      }
13      public C( )                //实例构造函数
14      {
15        a = 456;
16      }
17  }
```

6. 析构函数

析构函数与构造函数相反，当对象脱离其作用域时，系统自动执行析构函数。除非类中打开了非托管资源，否则不需要析构函数。定义语法如下：

```
~类名()
{
    析构代码
}
```

7. 属性

C#提供了一种特殊的方法——属性(attribute)，它是专门用来封装字段的。属性的修饰符与函数成员的修饰符完全一样。

声明语法如下：

```
<修饰符>  返回类型  属性名称
{
    set { 设置代码; }
    get { 获取代码; }
}
```

或：

```
<修饰符>  返回类型  属性名称{set; get;}
```

【例6】学生类。

```
1   class Student
2   {
3      private string name;          //姓名
4      private int age;              //年龄
5      public string Name
6      {
7           set { name= value; }
8           get { return name; }
9      }
10     public int Age
11     {
12          set{
13               if( value<0 )   age=0;
14               else age= value;
15             }
16          get { return age; }
17     }
18  }
```

8. 索引器

索引器是一种特殊的函数成员，它能够让对象以类似数组的方式存取，使代码更为直观，更容易编写。

索引器与属性都是类的成员，语法上非常相似。属性可用于任何类中，而索引器一般用在集合类中，通过索引器操作集合对象就如同使用数组一样简单。

定义索引器的方式与定义属性类似，其一般形式如下：

```
修饰符　数据类型　this[索引类型 index]
{
    get{ 获取代码 }
    set{ 设置代码 }
}
```

【例7】向量。

```
1   public class Vector
2   {
3        private double[ ] data;
```

```
4       public Vector( )
5       {
6           data=new double[100];
7       }
8       public double this[int i]
9       {
10          get{   return data[i];   }
11          set{ data[i] =value;     }
12      }
13  }
```

9. 运算符重载

运算符重载是对已有运算符重新进行定义，赋予其另一种功能，以适应不同的数据类型。声明方式如下：

```
public static 返回类型 operator 运算符(类型 参数 1, …)
{
        代码段
}
```

修饰符必须是 public static，参数 1~2 个。可重载运算符：+、-、＊、/、<<、>>等。

【**例 8**】在复数类中重载“+”运算符。

```
1   class Complex
2   {
3       public double R{get;set;}                  //实部
4       public double I{get;set;}                  //虚部
5       public Complex(double r, double i)         //构造函数
6       {
7           R = r; I = i;
8       }
9       //重载 +运算符
10      public static Complex operator +(Complex c1, Complex c2)
11      {
12          Complex c = new Complex(0, 0);
13          c.R = c1.R + c2.R;
14          c.I = c1.I + c2.I;
15          return c;
16      }
17  }
```

四、继承

1. 继承的基本思想

继承本质是源于分类学和生物遗传学，子继承父、细的分类继承大分类。继承描述的是一种抽象到具体的关系。具体的东西继承了抽象的东西的特性，最高层的具有最普遍的特征，越下层的事物越具体，并且下层包含了上层的特征。

一般语法格式如下：

[修饰符] class 派生类 ：基类

{ 类的成员 }

继承有以下两个特点：①派生类可继续派生出新类(继承可传递)；②派生类只可以从一个类中继承。

继承的内容：①继承：父类非私有数据与方法；②不能继承：父类的构造、析构函数、私有成员。

【例 9】 继承范例。

```
1   public class Animal
2   {
3           public string Name;
4           public  double Weight;
5           public void Eat( )
6           {
7             Console. Write("我是动物,我要吃东西");
8           }
9   }
10  public class Lion: Animal
11  {
12          public void Sleep( )
13          {
14            Console. Write("我是狮子,我要睡觉");
15          }
16  }
17  public class Monkey: Animal
18  {
19          public void Jump( )
20          {
21            Console. Write("我是猴了,我要跳高高");
22          }
23  }
```

2. 基类与派生类的关系

关键词 base 的功能：子类访问父类的公有或保护成员。用法：base. 方法( ) 或 base. 字段。

关键词 this 的功能：访问自己的成员。用法：this. 方法( ) 或 this. 字段。一般无需这样做，只有在同名情况下(父类与子类的成员同名，或类成员与方法的局部变量同名)，避免二义性才用 this。还可把 this 作为参数传递给其他对象，让其他对象访问本类中可访问的成员。

在派生类中调用基类构造函数时，注意事项：①当创建派生类对象时，系统首先执行基类构造函数，然后执行派生类构造函数；②调用特定的构造函数；③如果想要调用基类的非缺省构造函数，那么必须使用 base 关键字。

【例 10】在派生类中调用基类构造函数。

```
1  public class Animal
2    {
3        public Animal( string sexType)
4        {
5            Console. WriteLine( sexType) ;
6        }
7  }
8  public class Elephant : Animal
9  {
10       public Elephant( string sex) : base( sex)
11       {
12           Console. WriteLine( "Elephant") ;
13       }
14 }
15 public class Program
16 {
17       static void Main( string[ ] args)
18          {
19              Elephant   e = new Elephant("Female") ;
20          }
21 }
```

程序执行结果为：

Female

Elephant.

3. Object 类

所有类都隐式地继承自 System. Object 类。Object 类中的方法都有自己的默认实现，但是这些默认实现可能不满足特定的需要，这就要求用户对这些方法进行覆盖。一般来说，只有 ToString、GetHashCode 和 Equals 方法可覆盖。

覆盖(override)：当在子类中声明了与基类相同名字的方法，而且使用了相同的签名时，就称派生类的成员覆盖了基类中的成员。

覆盖(override)和重载(overload)的区别：重载允许存在多个同名函数(签名不同)，处理方法输入数据不一但含义相同的情况。覆盖是子类重新定义基类的虚方法。

ToString 方法可以创建并返回一个字符串，该字符串是对应类实例的描述，即默认返回对象的类型的完全限定名。

```
object  o = new  object( );
MessageBox. Show(o. ToString( ));
```

【例 11】重载 ToString。

```
1   public enum CarSize { Large, Medium, Small }
2   public class Car
3   {
4       public  CarSize  Size  {get; set; }
5       public  int  TopSpeed {get; set; }
6       public  override string  ToString( )
7       {
8           return (this. Size. ToString( ) + "Car");
9       }
10  }
11  public class Program
12  {
13      static void Main(string[ ] args)
14      {
15          Car  myCar = new Car( );
16          myCar. Size = CarSize. Small;
17          Console. WriteLine(myCar. ToString( ));
18      }
19  }
```

输出结果：Small Car.

五、多态

1. 多态性的基本思想

多态性是借用生物学中“多态性”一词。借用变异思想方法，提升程序可扩充性，面向事物形态与状态的多样性。通过多个同名方法的不同声明实现，根据传递参数、返回类型等信息决定实现何种操作。

C#支持两种类型的多态性：

(1)编译时的多态性。访问同一对象的同名方法，根据传递参数、返回类型等信息决定实现何种操作。编译时的多态性实现了快速运行。编译时的多态性的特点包括：方法名必须相同，参数列表必须不相同，返回值类型可以不相同。

(2)运行时的多态性。同一操作作用于不同类的对象，将进行不同的解释，最后产生不同的执行结果，而运行时的多态性则带来了高度灵活和抽象的特点。

【例 12】编译时的多态性。

```
1   public class Animal
2   {
3       public void Sleep()
4       {
5           Console.WriteLine("Animal 睡觉");
6       }
7       public int Sleep(int time)
8       {
9           Console.WriteLine("Animal{0}点睡觉", time);
10          return time;
11      }
12  }
```

2. 隐藏方法

用 new 修饰符隐藏父类的同名成员，父类成员被隐藏，但仍然存在。

【例 13】用 new 修饰符隐藏父类的同名成员。

```
1   public class Animal                    //基类
2   {
3       public void Eat()                  //方法
4       {
```

```
5             Console. WriteLine( " Animal 吃东西" ) ;
6         }
7         protected double weight;                    //字段
8         public double Weight                        //属性
9         {
10         get { return weight; }
11        }
12    }
13  class Dog : Animal                                //派生类
14  {
15        public new void Eat( )                      //新方法
16        {
17            Console. WriteLine( " Dog 啃骨头" ) ;
18         }
19        protected new double weight;                //新字段
20        public new double Weight                    //新属性
21        {
22           get { return weight+1; }
23        }
24  }
```

3. 虚方法

虚方法用 override 关键字重写基类，父类成员已被完全覆盖。特点是：相同方法名、相同的参数列表、相同返回值。

关键字 virtual：父类函数成员用，表明是虚拟成员。

关键字 override：子类函数成员用，表明是覆盖基类成员。

【例 14】用 override 关键字重写基类的虚函数。

```
1  public class Animal
2  {
3          public virtual void Eat ( )
4          {
5             Console. WriteLine(“Eat something”) ;
6          }
7    }
8  public class Cat : Animal
```

```
9  {
10         public override void Eat ( )
11         {
12            Console. WriteLine("Eat   mouse and fish");
13         }
14 }
15 public class Program
16 {
17      static void Feeding(Animal   one)
18      {
19         one. Eat( );
20      }
21      static void Main(string[ ] args)
22      {
23          Cat myCat = new Cat( );
24          Feeding(myCat);
25      }
26 }
```

六、抽象

1. 抽象类的概念

抽象类是一些行为(成员函数)没有给出具体定义的类，即纯粹的一种抽象。抽象类只能用于类的继承，其本身不能用来创建对象，抽象类又称为抽象基类。

抽象基类只提供了一个框架，仅仅起着一个统一接口的作用，而很多具体的功能由派生出来的类去实现。

抽象类的使用规定：①抽象类只可以作为其他类的基类，它不能直接被实例化，而且抽象类不能使用 new 操作符；②抽象类可以包含抽象成员；③抽象类不能是封装的，即一个类中不可以出现 abstract 关键字与 sealed 关键字共存；④如果一个类 A 派生于一个抽象类 B，则类 A 要通过重载的方法实现抽象类 B 中的所有抽象成员。

2. 抽象类和抽象方法

在类中创建一些特殊的方法，这些方法不提供实现，但是该类的派生类必须实现这些方法，这种方法就称为抽象方法。

抽象方法是一个没有被实现的空方法，语法为：

[访问修饰符] abstract 类型 方法名([参数])；

抽象类：包含了抽象成员的类。并不要求抽象类必须包含抽象成员，但包含抽象成员的类一定是抽象类。抽象类是用来作为基类的，不能直接实例化，也不能被密封，必须由派生类来实现。语法为：

［访问修饰符］ abstract class 类名

{ 代码段 }

【例 15】抽象类和抽象方法。

```
1   public  abstract  class  Animal                    //抽象类
2   {
3       public  abstract string Name{ get;set;}         //抽象属性
4       public abstract void Eat( );                    //抽象方法
5       public  void  Sleep( )
6       {
7           Console. WriteLine("Sleeping");
8       }
9   }
10  public  class  Mouse : Animal                       //继承类
11  {
12      string name;
13      public override string Name                     //重载 Name 属性
14      {
15          get {  return  name;  }
16          set{ name=value;       }
17      }
18      public  override  void  Eat( )                   //重载 Eat 属性
19      {
20          Console. WriteLine("Eat cheese");
21      }
22  }
```

七、密封

密封类：当把某个类声明为密封类时，编译器将禁止所有类继承该类。使用关键字 sealed 声明密封类。语法格式为：

［访问修饰符］ sealed class 类名

{ 代码段 }

也可把单个方法声明为 sealed，禁止该方法在子类中被重载。语法格式为：

［访问修饰符］ sealed 返回类型 方法名称(参数列表)
{ 代码段 }

八、接口

接口是引用类型，其作用是制定共同遵循契约，共享签名，不共享实现。接口的特征是不提供具体实现，也不包含数据。接口成员包括方法、属性、索引器和事件。

实现接口类的规则：必须精确地按照接口的定义实现该接口的各个成员。为这些接口成员提供实现的过程称为“实现”接口，包括隐式实现和显式实现。接口实现类可继承多个接口，需实现接口所有成员类。

【例16】 接口。

```
1   public interface IShape
2   {
3       int Side  { get; set; }          // 边长的get/set方法
4       double Area( );                  // 求面积的函数
5   }
6   public class Square : IShape
7   {
8       private int side;
9       public int Side
10      {
11          get{ return side;}
12          Set{ side=value;}
13      }
14      public double Area( )
15    {
16        return side * side;
17    }
18  }
```

九、委托

1. 委托的创建与调用

委托是一种引用类型，用于封装对方法的调用。委托派生于System. Delegate，是一个存取方法引用的对象。在程序运行期间，同一个委托能够用于调用不同的方法。委托声明规定特定返回类型和参数，格式为：

[修饰符] delegate 返回值类型　委托名称 (参数列表)；

例如：delegate double Call(int x, int y)；

实例化委托类型，可得到委托对象，确定要调用方法的对象及方法的名称。

调用某类的实例方法：

委托类型　委托对象 = new 委托类型(对象名 . 方法名)；

调用某类的静态方法：

委托类型　委托对象 = new 委托类型(类型名 . 方法名)；

例如：

```
public double Subtract(int x, int y)
    {   return x-y;   }
Call cal =newCall(Subtract);
```

调用委托，实现对方法的调用，给委托对象传参数，得到委托对象的返回值。

委托对象(实参)；

double result=cal(10, 3)；

【例 17】委托的声明与实例化。

```
1   class MathOp
2   {
3       public static double Multi2(double value)
4       {
5           return value * 2;
6       }
7       public static double Square(double value)
8       {
9           return value * value;
10      }
11  }
12  delegate double DoubOp(double x);
13  class MainEntryPoint
14  {
15      static void Main ( )
16      {
17        DoubOp[ ] operations =   {   MathOp. Multi2, MathOp. Square   };
18        for (int i = 0; i < operations. Length; i++)
19        {
20          ProcDisp(operations[i], 2. 0);
```

```
21            ProcDisp(operations[i], 5.0);
22        }
23    }
24    static void ProcDisp( DoubOp action, double value)
25    {
26        double result = action(value);
27        Console.WriteLine( "Value: {0}, result: {1}", value, result);
28    }
29 }
```

2. 多播委托

多播委托：可使用委托调用多个方法，也称为多重代理。委托可以维护一个方法列表，然后依次调用列表中的方法。

语法格式为： DelegateType d1 = d2+d3;

可用“+”“=”操作符添加方法，用“-”“=”操作符移除方法。

使用多播委托，可以按顺序连续调用多个方法。委托的签名必须返回 void。

【例 18】委托的实例化、组合、移除和调用。

```
1  class C
2  {
3      public static void M1(int i)
4      {
5          Console.WriteLine("C.M1:" + i);
6      }
7      public static void M2(int i)
8      {
9          Console.WriteLine("C.M2:" + i);
10     }
11 }
12 internal delegate void D(int i);
13 class Test
14 {
15     public static void Demo()
16     {
17         D d1=new D(C.M1);  d1(-1);          //Call M1
18         D d2=new D(C.M2);  d2(-2);          //Call M2
```

```
19        D d3 = d1 + d2;  d3(10);        //Call M1, then M2;
20        d3 += d1;          d3(20);      //Call M1,M2, then M1
21        d3 -= d1;                       //Remove Last M1
22        d3(40);                         //Call M1, then M2;
23      }
24  }
```

输出结果为：

C. M1：-1

C. M2：-2

C. M1：10

C. M2：10

C. M1：20

C. M2：20

C. M1：20

C. M1：40

C. M2：40

十、事件

事件是发生的一件事情、一个动作或操作。Windows 应用程序和 Web 应用程序都是基于事件驱动的应用程序，即根据事件执行代码。在现实生活中，事件与委托常常是成对出现的。例如：火灾事件—委托消防员处理，盗窃事件—委托警察处理。

1. C#事件

C#事件是用关键字 event 定义的，它封装了 Windows 消息，一般语法格式是：

<修饰符> event <委托类型> 事件名；

event 的作用：精确地对事件进行封装；直接使用原始委托来管理事件(而不用 event)；条件是发布类必须把委托成员定义为 public 变量，订阅类对象方可注册其响应函数。

通过使用 event 事件，客户对象不能触发事件，只有发布类对象可以发布事件。

定义事件如下：

```
public delegate void Handler();
private event Handler Click;
```

为对象订阅事件如下：

```
Click +=new  Handler(objA.Method);
Click +=new  Handler(objB.Method);
```

通知订阅对象：调用订阅特定事件的对象的所有委托，语法格式如下：

```
if(condition)
{   Click();    }
```

2. 事件驱动的窗体程序

控制台程序本质上是顺序执行的，而窗体程序是事件驱动的，事件与委托随处可见。鼠标点击事件(在 Button 控件上)委托 Button 的点击响应函数处理。键盘的输入事件(在 TextBox 控件上)委托 TextBox 的输入响应函数来处理。

(1)窗体：等待事件的发生，捕获事件，分析事件，发布事件，调用相应的响应函数来处理事件。

(2)消息：用事件对消息进行重新封装，用委托类和对象对消息映射进行重新定义。

(3)事件驱动程序流程：用户点击控件产生消息；Windows 系统检测到消息并通知控件；事件发布者触发事件；委托对象调用各订阅者的响应函数。

(4)事件发布者：定义了某事件的对象。例如，button1 定义了 Click 事件，是 button1. Click 事件的发布者。

(5)事件订阅者：定义了事件响应函数的对象。例如，在窗体对象 Form1 中定义了：

```
void button1_Click(object sender, EventArgs e)
```

并用语句把响应函数添加到事件处理表中(订阅)：

```
button1.Click += this.button1_Click;
```

事件应该由事件的发布者触发，而不应该由订阅者(或客户程序如 Form1)触发。

在"属性框"中双击"MouseMove"，即可声明该事件的响应函数，然后在响应函数内添加语句：

```
void Form1_MouseMove(object sender, MouseEventArgs e)
{
        this.Text =string.Format( "鼠标位置为:{0},{1}",  e.X, e.Y);
}
```

十一、案例实训

【例 19】创建一个类库工程，实现距离计算功能；再创建一个控制台项目，引用所创建类库。

1. 创建类库

通过菜单"文件(F)"→"添加(D)"→"项目(P)"，打开"添加新项目"对话框，如图 4.2 所示。通过图 4.2①处的下拉列表选择 C#语言，在②处中选择 Windows 平台，在③处中选择"类库(.NET Standard)"项目类型。选择③中的控制台应用项目，单击"下一步"按钮。

在新项目配置中，设置项目名称为"MathEx"。将生成类文件名更改为"Distance.cs"，编写相应的源码，如图 4.3 所示。

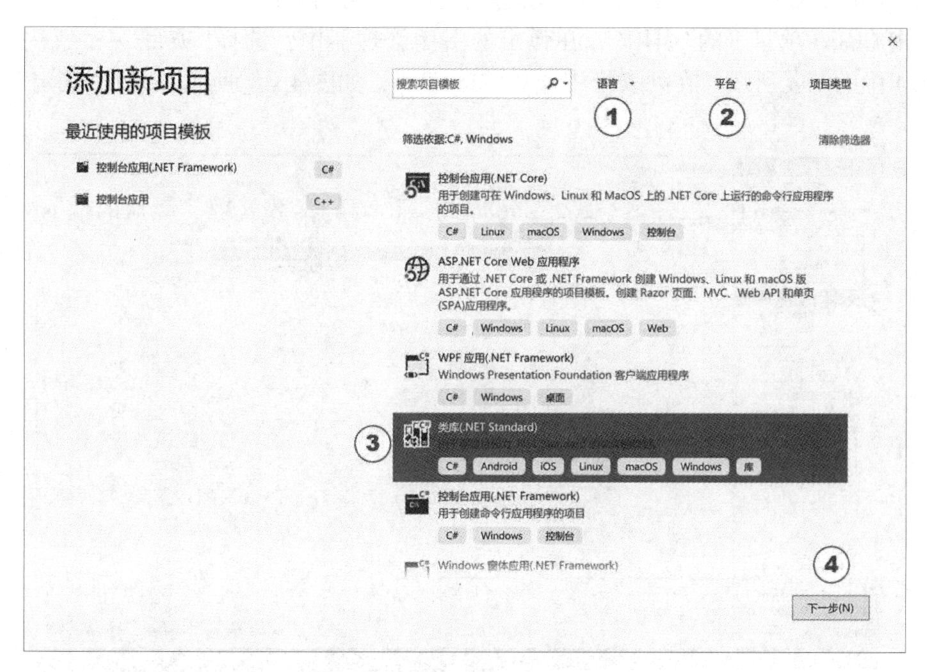

图 4.2　创建动态链接库项目

图 4.3　编写类库源码

2. 引用类库

通过菜单“文件(F)”→“添加(D)”→“项目(P)”，打开“添加新项目”对话框，创建

“控制台应用(. NET Framework)”项目 Chap3，并设为启动项目。

右击 Chap3 项目下的“引用”，在弹出的引用管理器中，选择“项目”→“解决方案”，如图 4. 4 中的③④所示，在列表框中选择“MathEx”，如图 4. 4⑤所示，单击“确定”按钮。

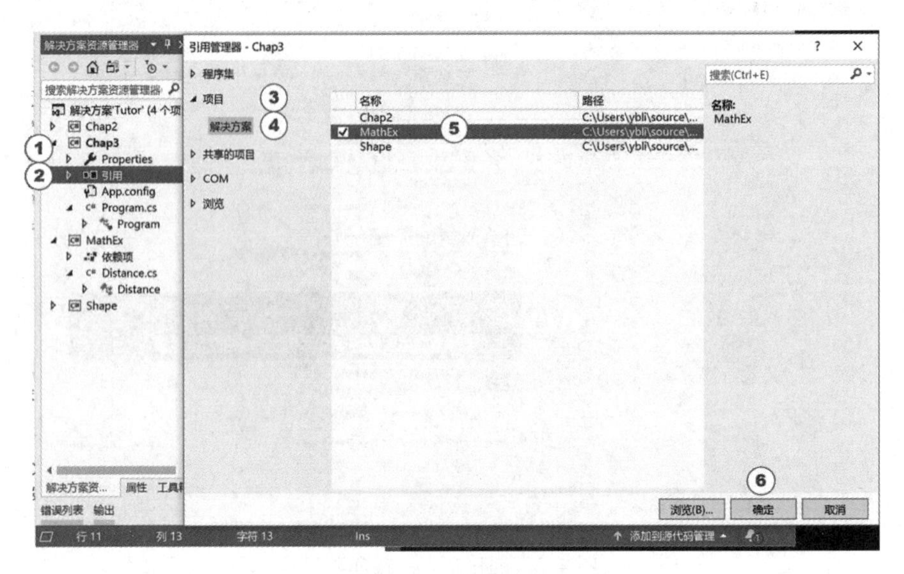

图 4. 4　添加引用

如图 4. 5 所示，单击①打开“Program. cs”，引用类的命名空间，如图 4. 5 中②所示，然后在 Main 函数中编辑源码，如图 4. 5③所示。

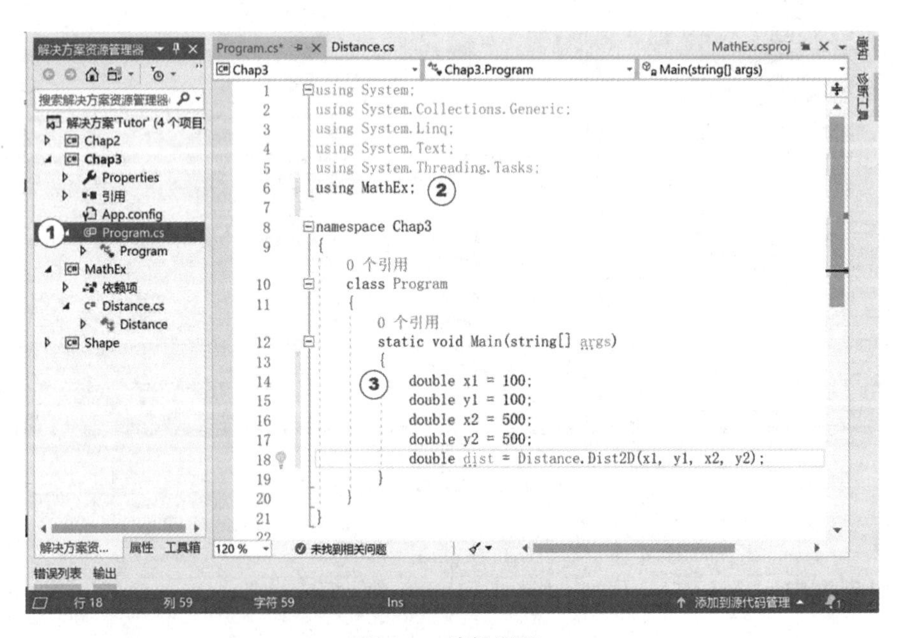

图 4. 5　编辑源码

十二、综合练习

1. 看视频文件“EX4-1-复数类.mp4”，学习：(1)实部和虚部属性；(2)构造函数(有参、无参)；(3)运算符重载；(4)实例化。
2. 看视频文件“EX4-2 继承与接口(Phone).mp4”，学习：(1)定义一个基类 Phone，包含一个 Name 属性；(2)生成一个派生类 Contract；(3)将基类改为抽象类；(4)增加 IPerson 接口。
3. 看视频文件“EX4-3 由接口派生的复数类.mp4”，学习接口的定义及派生类的实现。
4. 派生类可以从__________继承而来。
   A. 多个类和多个接口　　B. 一个类和多个接口　　C. 多个类
5. 有关索引器说法不正确的是__________。
   A. 索引器允许类或结构体的实例就像数组一样进行索引
   B. 索引器类似于属性，不同之处在于它的访问器采用参数
   C. 索引器不可被重载
   D. 索引器不必根据整数值进行索引，由用户自己决定如何定义特定的查找机制
6. 有关静态构造函数说法不正确的是__________。
   A. 静态构造函数既没有访问修饰符，也没有参数
   B. 在创建第一个实例前或引用任何静态成员之前，将自动调用静态构造函数初始化
   C. 在程序中，用户可以控制何时执行静态构造函数
   D. 无法直接调用静态构造函数
7. 派生类可以从__________继承而来。
   A. 多个类和多个接口　　B. 一个类和多个接口　　C. 多个类
8. “+”运算符的重载，正确的定义是__________。
   A. static double operator +(double a, double b){　}
   B. public static double operator +(double a, double b){　}
   C. public double operator +(double a, double b){　}
   D. protected double operator +(double a, double b){　}
9. C#中的类可以多重继承__________。
   A. 多个基类　　B. 多个接口　　C. 多个抽象类
10. 在类作用域中能够通过直接使用该类的__________成员名进行访问。
    A. 私有　　B. 公用　　C. 保护　　D. 任何
11. 关于构造函数的说法正确的是__________。
    A. 构造函数只能由编程人员创建，不能由程序自动创建
    B. 构造函数用于释放占用的内存
    C. 构造函数的名称与其所属的类的名称相同
    D. 一个类只能包含一个构造函数
12. 程序分析题，请写出以下程序的运行结果。

```
class Test
{
        public static void Main( )
        {
            Animal a=newAnimal( );
            Animal b =newCat( );
            Cat c=newCat( );
            a. Eat( );
            b. Eat( );
            c. Eat( );
        }
}
    public class Animal
    {
        public virtual void Eat( )
        { Console. WriteLine( "Eat Something" ); }
    }
    public class  Cat : Animal
    {
        public override void Eat( )
      { Console. WriteLine( "Eat Fish" ); }
    }
```

13. 下面是一个委托定义与调用的例子，请写出程序运行结果。

```
public delegate void Call( int num1, int num2);
 class MathTest
 {
     public static voidAdd( int num1, int num2)
     {
         Console. WriteLine( "{0}+{1}={2}", num1, num2, num1 + num2);
     }
     public static voidSubstract( int num1, int num2)
     {
         Console. WriteLine( "{0}-{1}={2}", num1, num2, num1- num2);
     }
 }
 public class Test
 {
     static void Main( )
```

```
    {
        Call obj = new Call(MathTest.Add);
        obj += new Call(MathTest. Substract);
        obj(10, 3);
        obj -= new Call(MathTest. Substract);
        obj(20, 2);
    }
}
```

14. 改错题：分析下列代码，改正其中的错误。

```
interface IPerson
{
    int Age{ get; set; }
    void Eat()
    {
        Console.WriteLine("Eat Somthing");
    }
}
class Student: IPerson
{
    string Name;
    public void Eat()
    {
        Console.WriteLine("Eat Rice");
    }
}
```

15. 编程题：定义一个 Person 类，并由 Person 类派生出类 Student。

Person 类的具体要求如下：

(1)包括私有数据成员：姓名 name，为 string 类型；

(2)定义私有数据成员的公有访问属性；

(3)定义 Person 的构造函数，用于对数据成员赋值。

Student 类的具体要求：

(1)增加私有数据成员：成绩 score，int 类型；

(2)定义私有数据成员 score 的公有访问属性；

(3)定义输出函数，可以输出学生的详细信息。

第5章　窗体应用程序

一、创建窗体应用程序

1. 图形用户界面

图形用户界面(GUI)提供人与机通信的交互方式。GUI连接终端用户和内部逻辑两端，关联使用者和开发者两种角色。

界面设计与代码分离的作用：①用户界面设计和底层逻辑分开可以提高应用程序开发生命周期的生产率；②用户界面设计人员和开发人员能够发挥各自所长，改进相互间的合作，二者同时进行设计与编码。

界面与数据分离：数据部分是提供给开发者使用的接口，只和业务逻辑相关，和如何展示无关；显示部分是展示给用户的，它可以使用各种效果，却不影响业务逻辑的变化。

GUI由窗口、菜单、对话框等要素及其相应的控制机制构成，如图5.1所示。

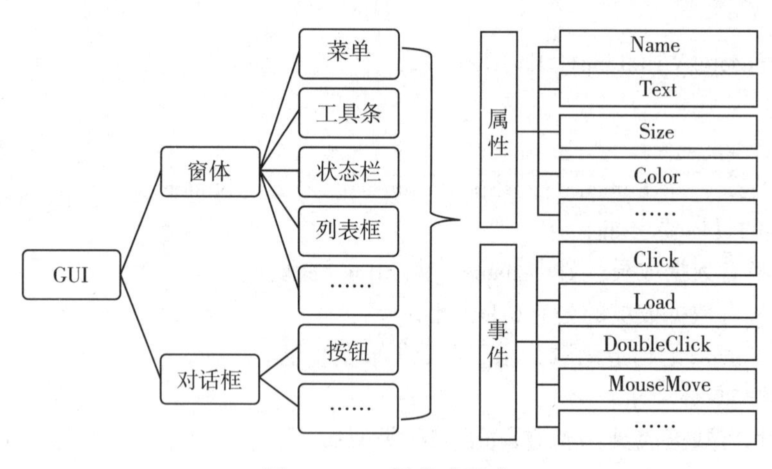

图5.1　GUI的构成要素

2. 创建窗体应用程序

Visual Studio 提供了很多工具，使应用程序的开发快捷、可靠。这些工具包括：

Windows 窗体可视化设计器、识别代码编辑器、集成的编译和调试、项目管理工具。

创建窗体应用程序过程为：

1)创建项目

选择编程语言为“Viusal C#”，选择项目类型为“Windows 窗体应用程序”，并选择合适的存储位置。

2)窗体设计

窗体设计包括控件选择和属性配置。

窗体就好像一个容器，其他界面元素都可以放置在窗体中。Windows Form 窗体是一个特殊的控件，它可以包含其他控件，本质上是一个控件的容器。在图 5.2 中的 Windows 窗体应用程序有三个常用文件：

(1)Form1. cs、Form1. Designer. cs、Program. cs。

(2)Form1. cs 是 Windows 窗口应用程序的主体，程序员的大部分工作都在此进行。

(3)Form1. cs 是用户添加代码的地方，包括类的定义、事件的处理方法等。

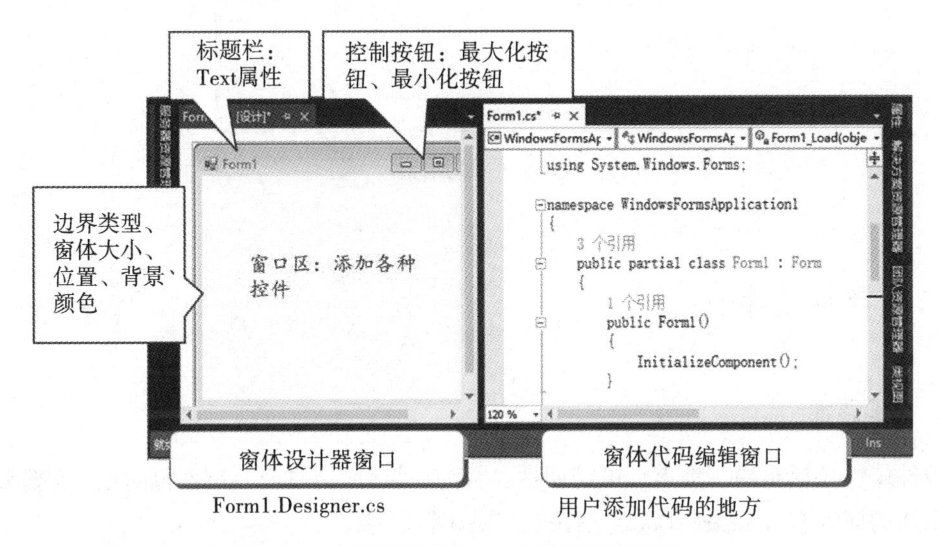

图 5.2　窗体设计器窗口、窗体代码编辑窗口

设置 Form1 窗体的属性有两种方法：一种是在属性框中设置属性，另一种是在程序中用赋值语句设置属性。例如，可在构造函数中设置窗体位置的属性。

```
public Form1()
{ InitializeComponent();                    //初始化组件，不能删除该语句
  this.Location = new Point(200, 300);      //设置窗体显示位置
}
```

3)程序设计

程序设计包括创建事件、编写代码、编译执行。

如图 5.3 所示，在窗体上添加 3 个 Label 控件、3 个 TextBox 控件和 2 个 Button 控件，为 Button1 控件添加单击(Click)事件。实现代码如下：

```
private void button1_Click(object sender, EventArgs e)
{
    double num1 = double.Parse(textBox1.Text);
    double num2 = double.Parse(textBox2.Text);
    textBox3.Text = string.Format("{0}", num1 + num2);
}
```

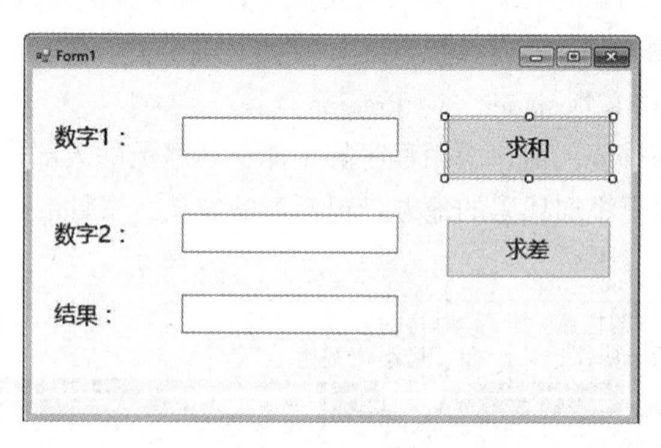

图 5.3　添加控件

二、属性与事件

1. 主要属性

控件属性包括布局、焦点、可访问性、行为、设计、数据、外观等属性，如图 5.4 所示。常用的属性有 Anchor、Dock、Name、Text 等属性。

①BackColor 属性：背景色。

②Enabled 属性：可以对用户交互作出响应。

③Font 属性：显示文本的字体。

④ForeColor 属性：控件的前景色。

⑤Visible 属性：是否显示该窗体或控件。

2. Name 和 Text 属性

名称属性(Name)：属性值作为标志，在程序中引用；在创建时，会按序号自动命名，可给其设置一个有实际含义的名字。

在初始新建一个 Windows 应用程序项目时，自动创建一个窗体，该窗体的名称被自动

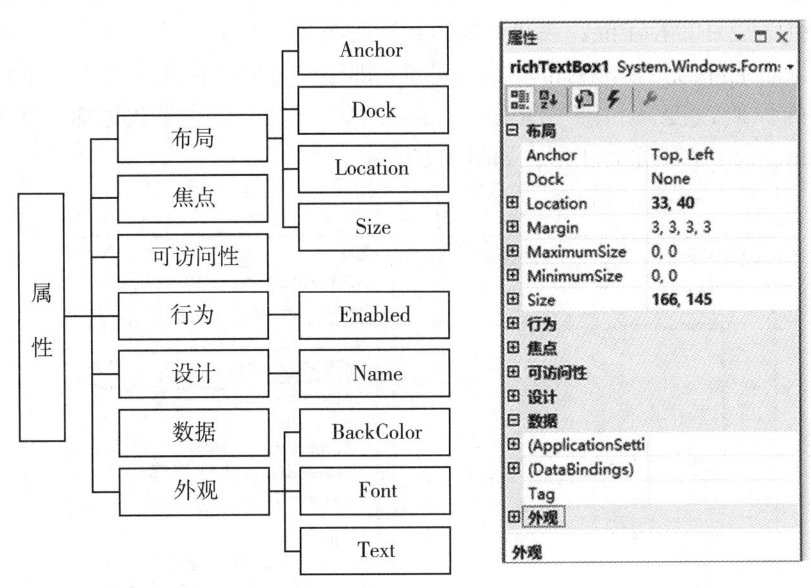

图 5.4　主要属性

命名为 Form1；添加第 2 个窗体时，其名称被自动命名为 Form2，依次类推。在设计 Windows 窗体时，可给其 Name 属性设置一个有实际含义的名字。

标题属性(Text)：设置或返回文本信息，值是一个字符串，与控件/窗体关联的文本。属性值作为标志，在程序中被引用，在创建时，会按序号自动命名，可给其设置一个有实际含义的名字。图 5.5 分别为 Name 属性和 Text 属性。

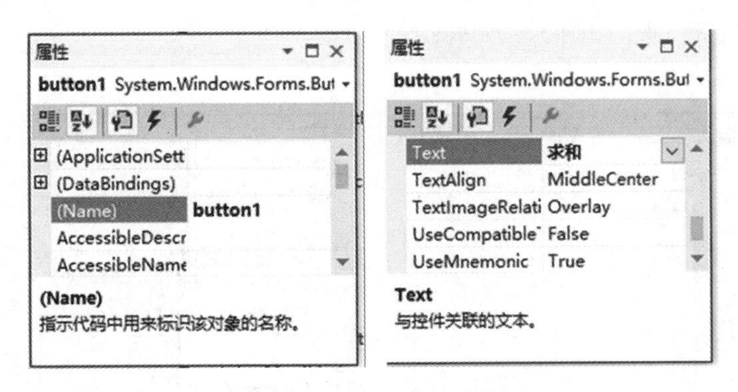

图 5.5　Name 和 Text 属性

3. Anchor 属性

Anchor 的意思是“锚”，Anchor 属性是用来确定此控件与其容器控件的固定关系的。容器控件是可以存放其他控件的控件。例如，窗体控件中会包含很多的控件，像标签控件、文本框等。

包含控件的控件为容器控件或父控件，而里面的控件为子控件。显然，这必然会涉及一个问题，即子控件与父控件的位置关系问题。即当父控件的位置、大小变化时，子控件按照什么样的原则改变其位置、大小。Anchor 属性就用于设置此原则，可设定 Top、Bottom、Right、Left 中任意的几种，如图 5.6 所示。

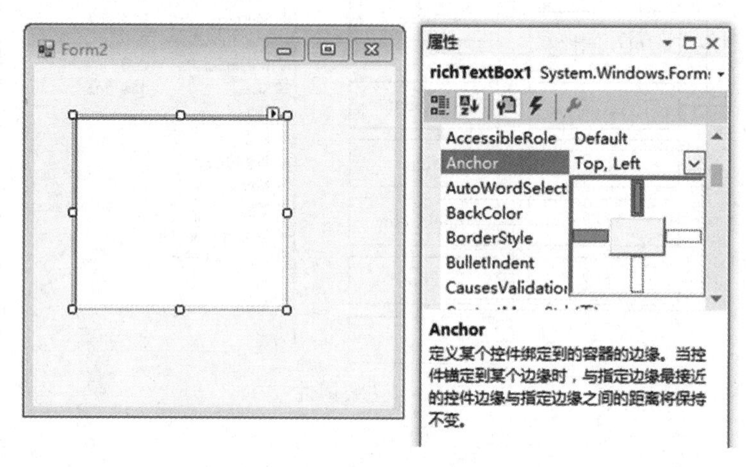

图 5.6　Anchor 属性

4. Dock 属性

Dock 属性规定了子控件与父控件的边缘依赖关系。Dock 的值有 6 种，分别是 Top、Bottom、Left、Right、Fill、None。一旦 Dock 值设定，子控件就会发生变化，并与父控件选定的边缘相融在一起，如图 5.7 所示。

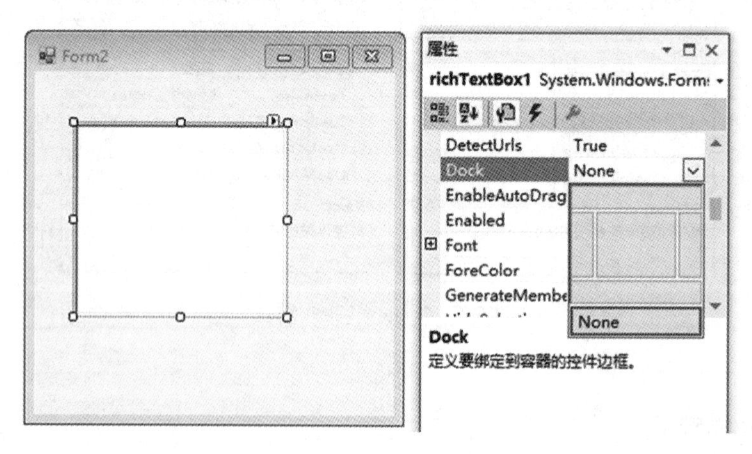

图 5.7　Dock 属性

5. 事件

Windows 系统中处处是事件：鼠标按下、鼠标释放、键盘键按下等。通过事件处理来响应用户的请求——事件驱动机制。

针对感兴趣的事件，可编写相应的事件处理程序，主要事件如图 5.8 所示，常用的事件包括：

①Load：窗体加载事件；

②Click：单击事件；

③DoubleClick：双击事件；

④MouseMove：鼠标移动事件；

⑤KeyDown：键盘按下事件；

⑥KeyUp：键盘释放事件。

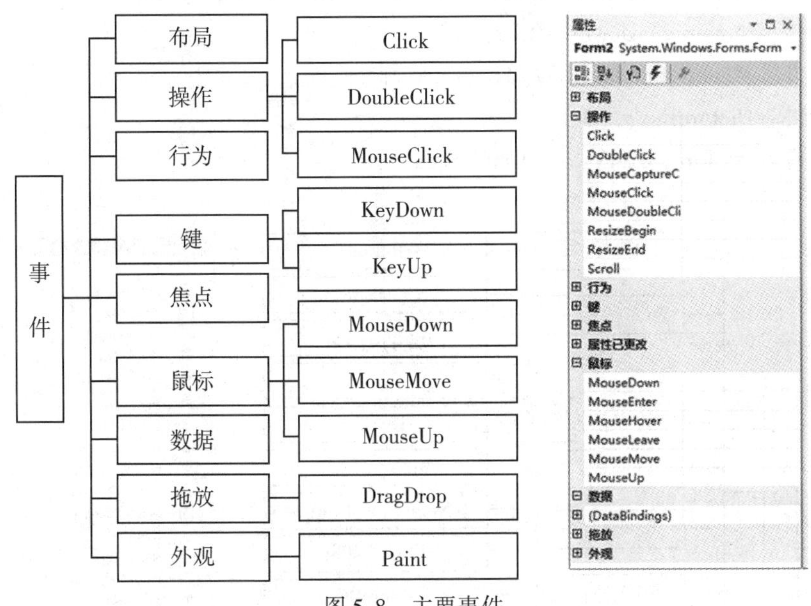

图 5.8　主要事件

窗体会且只进行一次加载，在必需时加载操作完成后会引发 Load 事件，执行一些初始化操作。在 Load 事件中可对窗体的大小、标题、颜色等属性进行设置。例如：

```
private void Form1_Load(object sender, EventArgs e)
{       this.Width = 200;    this.Height = 100;
        this.ForeColor = Color.Cyan;
        this.BackColor = Color.Red;
        this.Text = "Welcome you!";
}
```

三、控件

控件是有用户界面的.NET组件，控件类派生于System. Windows. Forms. Control。控件是.NET组件，.NET组件不一定是控件，标准控件和组件需放置在工具箱。控件包括：公共控件、容器、菜单和工具栏、数据控件、打印控件、对话框控件等。

1. 公共控件

公共控件是C#内建的一些标准控件，它们都可以添加到窗体中去(窗体是控件和.NET组件的容器)。公共控件分类如图5.9所示，可细分为：

动作控件：Button；

布尔值控件：RadioButton、CheckBox；

字符串值控件：Label、LinkLabel、TextBox、RichTextBox；

数值控件：NumericUpDowm、ProgressBar；

日期控件：MonthCalendar、DateTimePicker；

图像控件：PictureBox；

列表控件：ListBox、ListView、ComboBox。

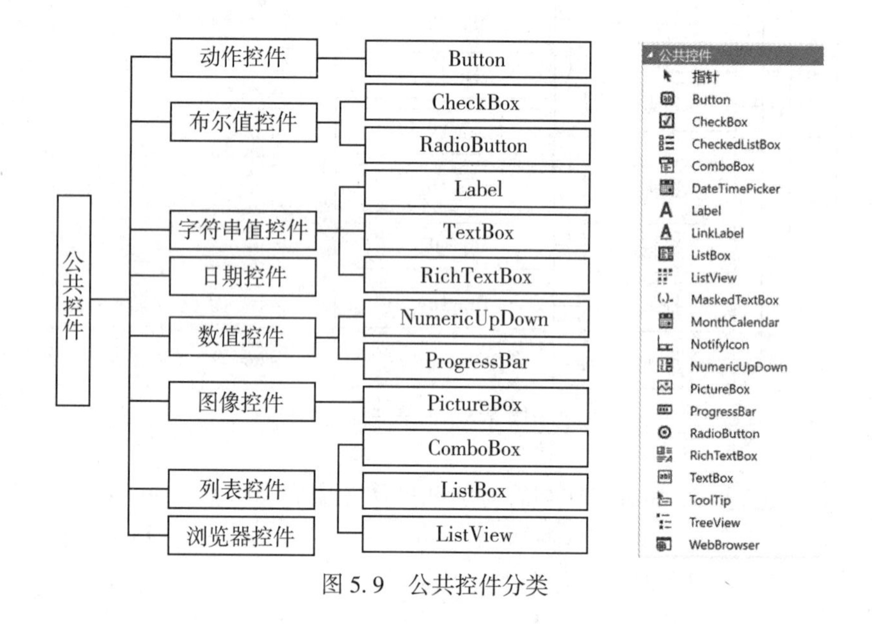

图5.9　公共控件分类

2. 按钮(Button)控件

按钮控件通常是用来执行用户命令的，以启动、停止或中断进程。打开工具箱的公共控件栏目，把Button控件拖放到Form1窗体中，系统自动创建了一个button1对象。

然后双击Form1窗体中的button1控件，系统就在Form1.cs的Form1类中自动添加了以下代码：

```
private void button1_Click(object sender, EventArgs e)
{ MessageBox. Show("Hello!"); }   // 代码是用户添加的
```

运行程序，点击 button1，会弹出一个系统定义的 MessageBox 对话框。MessageBox 是 System. Windows. Forms 名字空间中类。

窗体程序与控制台程序的最大不同点在于：控制台程序按编程人员设置的流程从 Main()函数开始运行；而窗体等待用户的交互，按用户自行设置流程运行程序。

【例 1】动作按钮的应用。在 Form1 窗体上有一个 Button1 按钮，双击 Button1 按钮，产生如图 5. 10 左侧的方法框架，在其中编写程序，实现：①窗体背景色变为绿色、按钮的背景色变为白色；②窗体的标题变为“欢迎”，按钮的文字变为“测试”。代码运行效果如图 5. 10 右侧所示。

```
1  private void button1_Click(object sender, EventArgs e)
2  {
3      this. BackColor = Color. Green;
4      Button1. BackColor = Color. White;
5      this. Text = "欢迎";
6      Button1. Text = "测试";
7  }
```

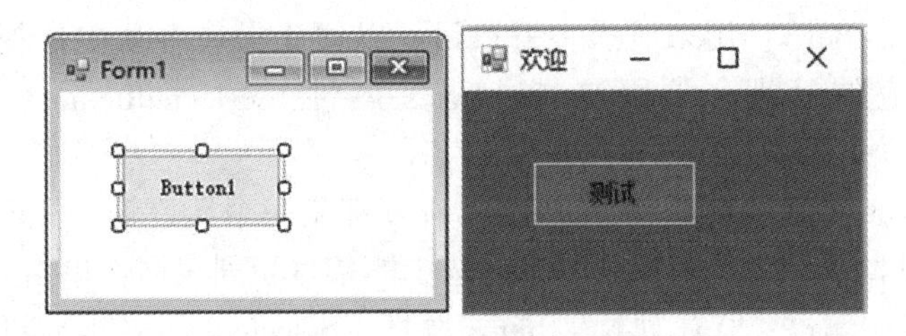

图 5. 10　动作按钮示例

3. 值控件

值控件有布尔值控件、字符串值控件、数值控件等，如图 5. 11 所示。

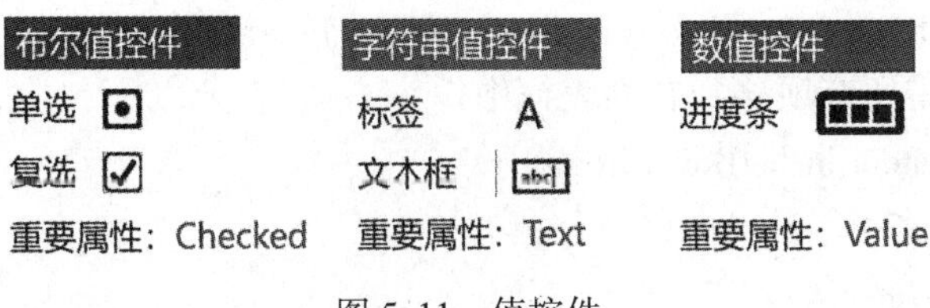

图 5. 11　值控件

【例 2】编程实现求积功能。

1	private void button1_Click(object sender,EventArgs e)
2	{
3	float s=Convert. ToSingle(textBox1. Text);
4	float e=Convert. ToSingle(textBox2. Text);
5	textBox3. Text=Convert. ToString(s * e);
6	}

代码运行效果如图 5. 12 所示。

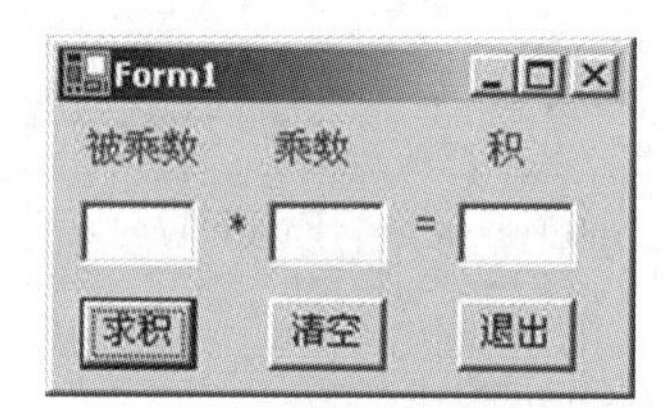

图 5. 12　值控件示例

4. 列表控件

列表控件可以显示多个值。列表控件包括：ListBox、ListView、ComboBox 等。

列表框控件(ListBox)：用来显示一组条目，以便让操作者从中选择一条或者多条记录，然后进行相应的处理。常用属性：Items 属性、SelectedItems 属性获取选中项、SelectedIndex 属性获取选中项的索引。

组合框 ComboBox 控件：分两个部分显示，顶部是一个允许输入文本的文本框，下面的列表框则显示列表项。文本框：显示当前选中的条目；列表框：单击向下箭头按钮，则会弹出列表框。常用属性：Text 属性、Items 属性、SelectedIndexChanged 事件选择项发生改变时触发该事件。

【例 3】列表框应用。设计一个窗体，其功能是在两个列表框中移动数据项。设计界面如图 5. 13 的左图所示，运行效果如右图所示。主要事件代码如下：

1	//将左列表框中选中项移到右列表框中
2	listBox2. Items. Add(listBox1. SelectedItem);
3	listBox1. Items. RemoveAt(listBox1. SelectedIndex);
4	//将左列表框中所有项移到右列表框中
5	foreach (object item in listBox1. Items)
6	listBox2. Items. Add(item);
7	listBox1. Items. Clear( );

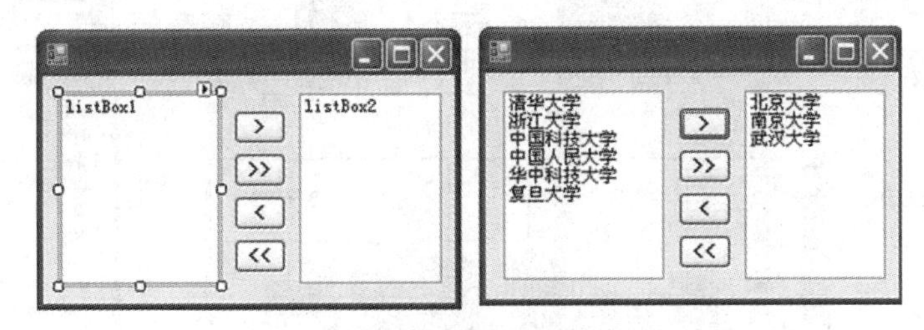

图 5.13　列表控件应用

5. Chart 控件

Chart 控件为图形统计和报表图形显示提供了很好的解决办法，同时支持 Web 和 WinForm 两种方式。图表控件的作用是把数据和实验分析结果直观地表达出来。图 5.14 是在 Form 窗体上放置了一个 Chart 控件的效果。

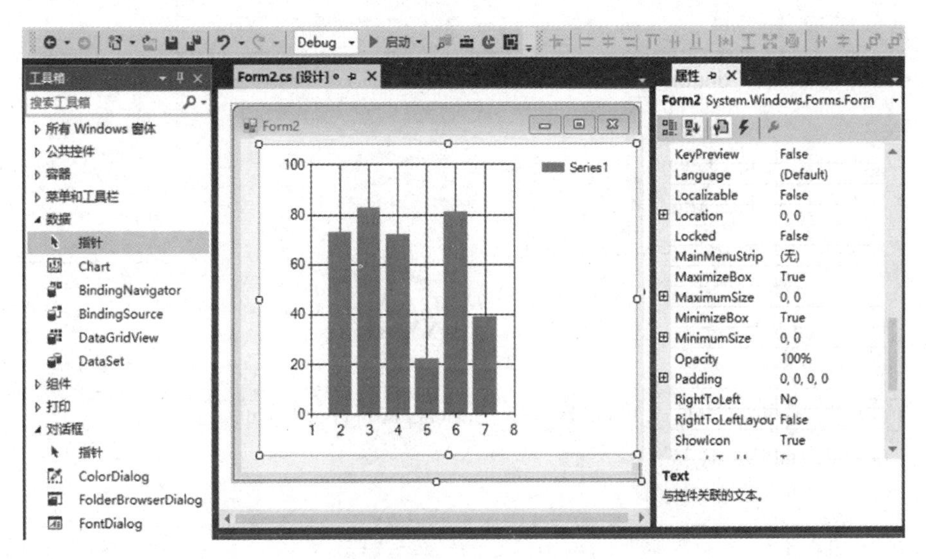

图 5.14　Chart 控件的创建

Chart 控件有许多属性，常用的属性有 ChartAreas、Series 等，如图 5.15 所示。ChartAreas 是图表所属的绘图区域名称。可以增加多个绘图区域，每个绘图区域包含独立的图表组、数据源。表集合 Series 是最重要的属性，是最终显示的饼图、柱状图、线图、点图等构成的数据集合，可以将多种相互兼容的类型放在一个绘图区域内，形成复合图。

ChartArea 常用事件是 DataBind()，绑定数据点集合，如果要在 Chart 控件的一个绘图区(ChartArea)内添加多个不同数据源的图表，就用这个主动绑定数据集合的方法，可以将表中指定字段的值绑定到指定的坐标轴上。

【例 4】Chart 示例。

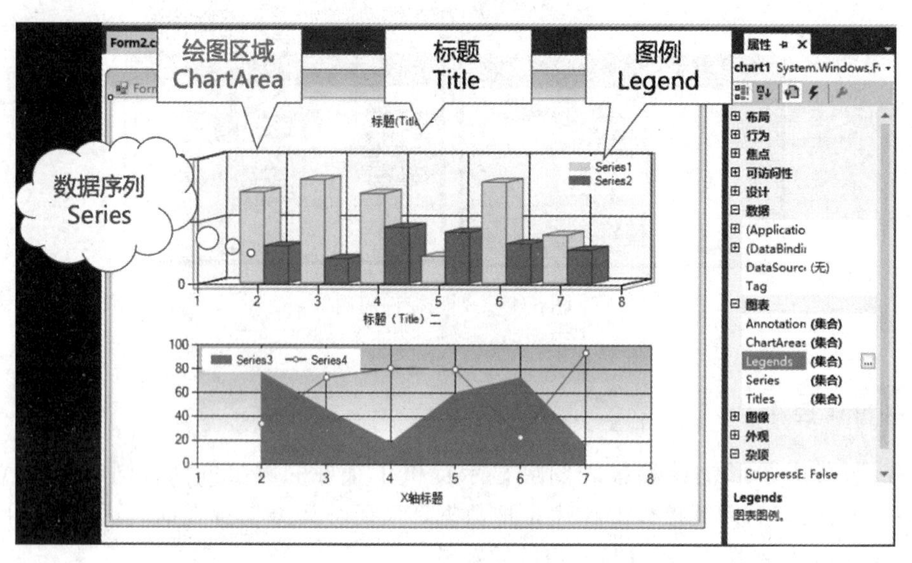

图 5.15　Chart 数据集

1	private void Plot(double[ ]x, double[ ]y)
2	{
3	chart1. Series. Clear( );
4	chart1. Series. Add("P1");
5	for (int i = 0; i < x. Length; i++)
6	{
7	chart1. Series["P1"]. Points. AddXY(x[i], y[i]);
8	}
9	chart1. Series["P1"]. ChartType = SeriesChartType. Point;
10	chart1. DataBind( );
11	}

四、图形绘制

1. GDI+基础

图形设备接口 GDI+是图形包，用于绘图操作。Graphics 类提供绘制到显示设备的方法。图 5.16 是常用绘图类型和对象。通过 Graphics、Pen、Brush、Font、Color 等 GDI+的绘图对象，可进行形状、文字、线条、图像的处理。

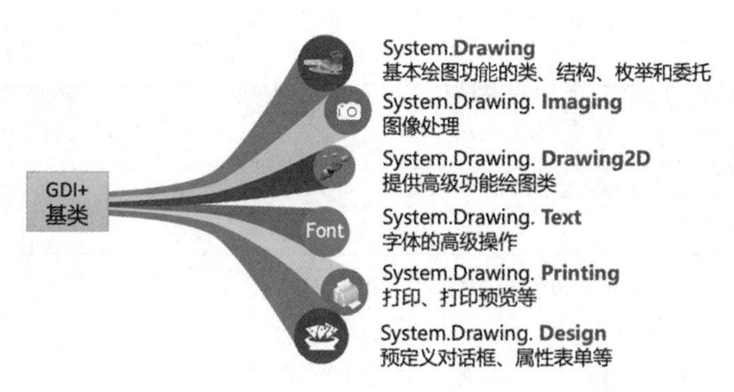

图 5.16　常用绘图类型和对象

2. 基本图形结构

1)点结构

GDI+使用 Point 结构表示一个点。许多 GDI+函数，例如 DrawLine()，都把 Point 作为其参数。声明和构造 Point 的代码如下：

Point p = newPoint(1, 1);

公共属性 X 和 Y 的类型是 int，可以获得和设置 Point 的坐标。

GDI+还使用 PointF 结构表示一个点。PointF 结构与 Point 结构完全相同，但 X 和 Y 属性的类型是 float，而不是 int。GDI+的 Point 和 PointF 类型对点提供支持。

【例 5】 建立一个整数点 iPoint 和一个浮动点 fPoint。

```
1  Point    iPoint= new Point(100, 200);
2  PointF fPoint= new PointF(100.23F, 200.45F);
3  iPoint.X=105;  //改变 iPoint 的 X 值
```

2)尺寸结构

尺寸结构 Size，包含宽度(Width)和高度(Height)属性，包括整型 Size、浮点型 SizeF。例如：

Size s = new Size(20, 30);

3)矩形结构

矩形 Rectangle 有两个构造函数：一个构造函数的参数是 X 坐标、Y 坐标、宽度和高度，另一个构造函数的参数是 Point 和 Size 结构。

【例 6】 Rectangle 的声明和构建。

```
1  Rectangle r1 = new Rectangle(1, 2, 5, 6);
2  Point p = new Point(1, 2);
3  Size s = new Size(5, 6);
4  Rectangle r2 = new Rectangle(p, s);
```

有一些公共属性可以获得和设置 Rectangle 的 4 个点和矩形大小。另外，还有其他属性和方法可以完成诸如确定矩形是否与另一个矩形相交，提取两个矩形的相交部分，合并两个矩形等工作。

【例 7】判断点是否在矩形内。

```
1  Rectangle r1 = new Rectangle(10,20, 150, 100);
2  Point p = new Point(1, 2);
3  if( r1.Contains(iPoint))   //判断点是否在矩形内
4          p.X=106;
```

4)颜色控制

颜色都封装在 Color 结构中，设置颜色的方法有以下四种：①使用 Color 结构设置颜色；②使用 Color 对象的方法设置颜色；③使用 ColorTranslator 对象的方法设置颜色；④用 ColorDialog 从调色板选择颜色。

【例 8】使用 Color 结构和 Color 对象设置颜色。

```
1  void button1_Click(object sender, EventArgs e)
2  {
3        button1.ForeColor = Color.FromArgb(255, 0, 0);
4        button1.BackColor = Color.Blue;
5  }
```

【例 9】使用 ColorDialog 从调色板选择颜色。

```
1   //改变文字颜色
2   private void textColorButton_Click(object sender, EventArgs e)
3   {
4        DialogResult result = colorChooser.ShowDialog( ); //获得选取的颜色
5        if ( result == DialogResult.Cancel )
6            return;
7          backgroundColorButton.ForeColor = colorChooser.Color; //设置前景色
8          textColorButton.ForeColor = colorChooser.Color;
9   }
10    //改换背景颜色
11    private void backgroundColorButton_Click(object sender, EventArgs e)
12    {
13        //显示颜色对话框并得到结果
```

```
14            colorChooser.FullOpen = true;
15            DialogResult result = colorChooser.ShowDialog();
16            if (result == DialogResult.Cancel)
17                return;
18            this.BackColor = colorChooser.Color; // 设置背景色
19        }
```

3. Graphics 类型和对象

1)利用 Graphics 类型绘图的基本步骤

在.NET 中，图形的操作步骤如下：①建立画布对象，语法：Graphics g=控件对象名称.CreateGraphics()；②选择绘图工具(Pen、Brush 等)；③在 Graphics 对象上绘制线条、形状、文本或图像。

2)Pen 类型和对象

Pen 是笔类型，构造函数包含画笔的颜色和线条宽度。Pens 类中有很多预先设好的笔，宽度都是 1 像素。

【例 10】 Pen 对象的声明。

```
1  Pen p = new Pen(Color.Blue, 2);
2  p.Color = Color.Red;
3  p.Width = 3;
4  Pen p1 = Pens.Red;
5  Pen p2 = Pens.Yellow;
```

3)Brush 类型和对象

画刷 Brush 对象可绘制实心、渐变的图形，画刷类型包括：

①SolidBrush：用纯色绘制。

②HatchBrush：选择预设图案绘制。

③TextureBrush：用纹理(或图像)绘制。

④LinearGradientBrush：用渐变混合种颜色绘制。

⑤PathGradientBrush：自定义路径渐变颜色绘制。

【例 11】 Brush 对象的声明。

```
1  Graphics g = this.CreateGraphics();
2  Rectangle rect = new Rectangle(10, 10, 50, 50);
3  Brush b = new SolidBrush(Color.Orange);
4  g.FillRectangle(b, rect);
```

4)HatchBrush 画刷

HatchBrush 对象是图案画刷，语法格式为：

HatchBrush hb=newHatchBrush(HatchStyle, ForeColor, BackColor);

HatchStyle 是在画布上绘制的图案，ForeColor 是绘图的前景色，BackColor 是背景色。

当需要绘制一个前景色为橙色、背景色为蓝色，图案为交叉的水平和垂直线时，可以这样定义画刷：

HatchBrush hb = newHatchBrush(HatchStyle. Cross, Color. Orange, Color. Blue);

4. 基本图形绘制

(1)画线：绘制由 2 点确定的一条线。语法格式为：

DrawLine(画笔, Point1, Point2);

DrawLine(画笔, x1, y1, x2, y2)。

【例 12】画线。

1	Graphics g=this. CreateGraphics();
2	Pen pen=new Pen(Color. Blue,5);
3	g. DrawLine(pen,1,1,30,30);
4	Point pt1=new Point(1,30);
5	Point pt2=new Point(30,1);
6	g. DrawLine(pen,pt1,pt2);

(2)画椭圆：绘制一个边界由矩形结构数据定义的椭圆，语法格式为：

DrawEllipse (画笔, 矩形结构数据);

DrawEllipse (画笔, x, y, width, height)。

【例 13】画椭圆。

1	Graphics g=this. CreateGraphics();　　　　//生成图形对象
2	Pen Mypen=new Pen(Color. Blue,5);　　　　//生成画笔,蓝色,5 个像素
3	g. DrawEllipse(Mypen,1,1,80,40);　　　　//画椭圆
4	Rectangle rect=new Rectangle(85,1,165,40);//生成矩形
5	g. DrawEllipse (Mypen,rect);　　　　//画椭圆

(3)画矩形：绘制一个矩形：

DrawRectangle (画笔, 矩形结构数据);

DrawRectangle (画笔, x, y, width, height)。

(4)画圆弧：

DrawArc (画笔, 矩形结构数据, 起始角度, 扫过的角度);

功能：绘制由指定矩形的内接椭圆的一段圆弧，startAngle：圆弧起始角度，单位为度。

sweepAngle：圆弧扫过的角度，顺时针方向，单位为度。

DrawArc (画笔, x, y, width, height, 整数, 整数);

功能：绘制一段弧线，该弧线由一对坐标、宽度、高度指定椭圆的一段圆弧。

【例 14】 画一段圆弧。

```
1  Graphics g=this. CreateGraphics( ) ;            //生成图形对象
2  Pen Mypen=new Pen( Color. Blue,5) ;             //生成画笔,蓝色,5 个像素
3  g. DrawArc( Mypen,1,1,80,40,90,270) ;           //画弧线
4  Rectangle rect=new Rectangle(85,1,165,40) ;//生成起点 生成矩形结构
5  g. DrawArc ( Mypen,rect,0,90) ;             //画弧线
```

5. 字体与文本

Font 类是对字体的支持，仅仅通过指定字样和磅值就可创建一个字体对象：

Font font = new Font("黑体", 16);

然后，就可用 Graphics 对象的 DrawString 绘制字符串：

g. DrawString("测试文字", font, Brushes. Blue, 100, 200);　　//在(100, 200)点上绘制 "测试文字"。

五、图像处理

1. 图像处理常用类

Bitmap 类：处理由像素数据定义的图像对象，继承自 Image 类。

常用属性：①Height：获取此 Image 的高度；②Width：获取此 Image 的宽度；③Size：获取此图像的以像素为单位的宽度和高度。

常用方法：①GetPixel：获取此 Bitmap 中指定像素的颜色；②SetPixel：设置此 Bitmap 中指定像素的颜色；③RotateFlip：旋转、翻转或者同时旋转翻转图像。

2. 图像处理方法

(1)提取像素法：用 GetPixel 和 SetPixel 方法分别获取和设置图像指定像素的颜色。

(2)内存法：用 LockBits 和 UnlockBits 方法，分别锁定和解锁系统内存中的位图像素，消除了通过循环对位图像素逐个处理的需要，使程序的运行速度大大提高。

(3)指针法：通过 LockBits 方法获取位图的首地址，直接应用指针对位图进行操作。

建议：初学者使用提取像素法，有一定编程能力者使用内存法，对 C#指针有深入理解者用指针法。

图像处理的两个领域：

(1)空间域：指图像平面本身，由图像像元组成的空间，以对图像的像素直接处理为基础。

(2)频率域：以空间频率(即波数)为自变量描述图像的特征，可将图像像元值在空间上的变化分解为具有不同振幅、空间频率和相位的减振函数的线性叠加。

3. 加载图像

存储位图的磁盘文件称为图像文件。不同格式的图像文件会采用不同的存储标准，一般会以不同的扩展名标识。GDI+支持 BMP、GIF、JPEG、TIFF 等文件格式。

【例 15】加载图像并显示。

```
1  void Form1_Paint(object sender, PaintEventArgs e)
2  {
3        Graphics g = e.Graphics;
4        Image img = Image.FromFile(@"c:\lily2.jpg");
5        g.DrawImage(img, new PointF(0.0F, 0.0F));
6  }
```

4. 图像的灰度化

将彩色图像转化为灰度图像的过程称为图像的灰度化。灰度化的目的是为了得到灰色图片，降低计算量。

图像灰度化的常用方法包括：

(1)最大值法：R=G=B=max(R, G, B)

(2)平均值法：R=G=B=(R+G+B)/3

(3)加权平均值法：R=G=B=Wr * R+Wg * G+Wb * B。取：Wr=0.299，Wg=0.587，Wb=0.114，则 R=G=B=0.299R+0.587G+0.114B。

【例 16】将彩色图像转化为灰度图像。

```
1  var newBmp = new Bitmap(bmp.Width, bmp.Height);
2  for (int i = 0; i < bmp.Width; i++)
3     for (int j = 0; j < bmp.Height; j++)
4        { Color c = bmp.GetPixel(i, j);
5              int value = (c.R + c.G + c.B)/3;
6                 newBmp.SetPixel(i, j,
7                 Color.FromArgb(value, value, value));
8        }
9  g.DrawImage(newBmp, new PointF(0, 0));
```

六、案例实训

【例 17】(1)创建一个控件类，实现平面坐标向极坐标转换，如图 5.17 所示。

(2)创建一个窗体项目，引用所创建的控件。

$$\begin{cases} r = \sqrt{x^2 + y^2} \\ \theta = \operatorname{atan2}(x,\ y) \end{cases} \tag{1}$$

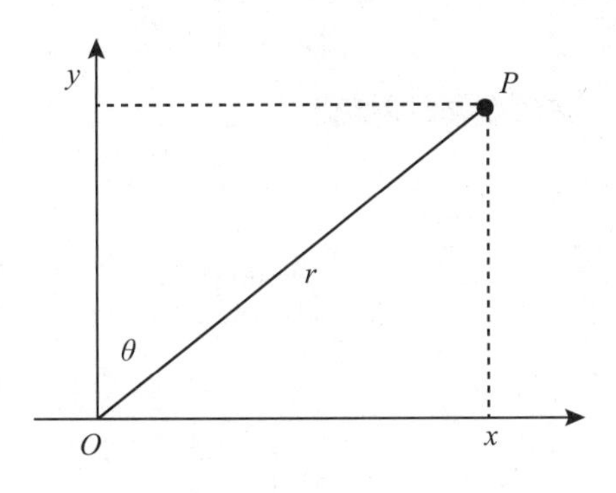

图 5.17　平面坐标示意图

1. 控件类的创建

通过菜单“文件(F)”→“新建(N)”→“项目(P)”，打开“创建新项目”对话框，如图 5.18 所示。通过①中的下拉列表选择 C#语言，在②中选择 Windows 平台，在③中选择桌面。选择④中“Windows 窗体控件库(.NET Framework)”项目，单击⑤“下一步”按钮。

然后配置项目名称和解决方案名称，设置项目名称为 CoorTrans，解决方案名称为 Tutor，产生项目模板。

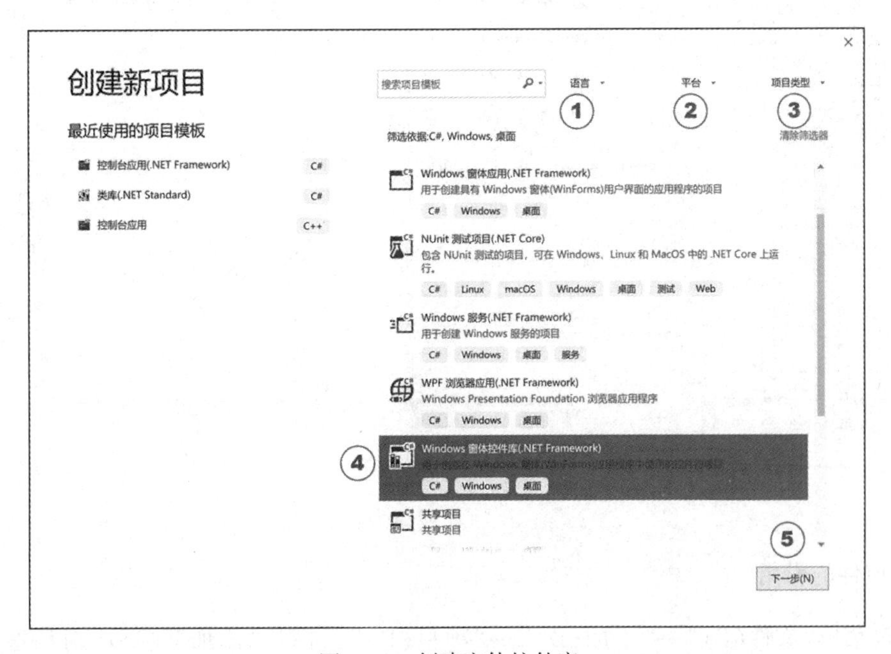

图 5.18　创建窗体控件库

如图 5.19 所示，单击②所示的 UserControl1. cs 文件，在弹出的用户界面上进行 GUI 设计，如③所示，放置 4 个 Label 控件，4 个 TextBox 控件和 1 个 Button 控件。将 4 个 TextBox 控件的 Name 属性分别设置为：textBoxX、textBoxY、textBoxR、textBoxTheta。

双击如④所示的按钮，产生“Button1_Click”事件。

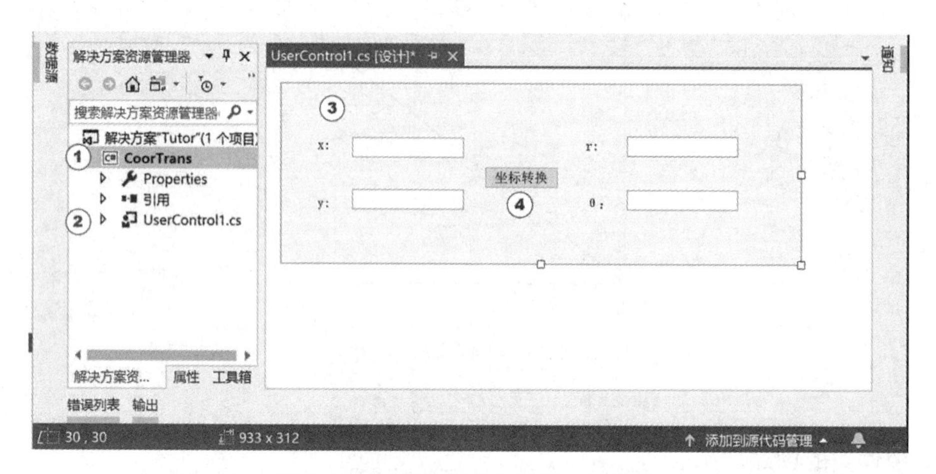

图 5.19　在窗体控件上进行 GUI 设计

在控件源码文件中，输入如图 5.20 所示的源码。然后按 F5 快捷键，生成相应的动态链接库文件(CoorTrans. dll)。

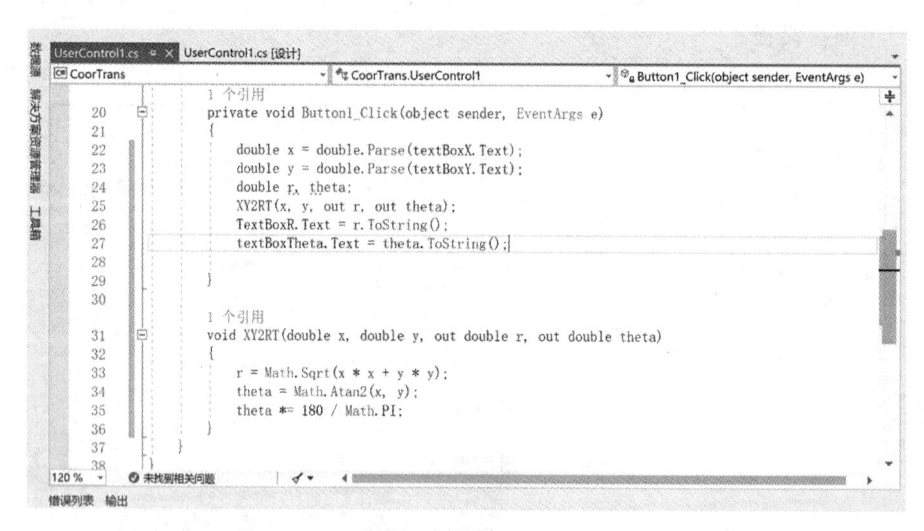

图 5.20　控件源码

2. 控件的引用

通过菜单“文件(F)”→“添加(D)”→“项目(P)”，打开“添加新项目”对话框，如图

5.21 所示。通过①中的下拉列表选择 C#语言，在②中选择 Windows 平台，在③中选择窗体。选择④中的“Windows 窗体应用(.NET Framework)”项目类型，再单击⑤“下一步”按钮。

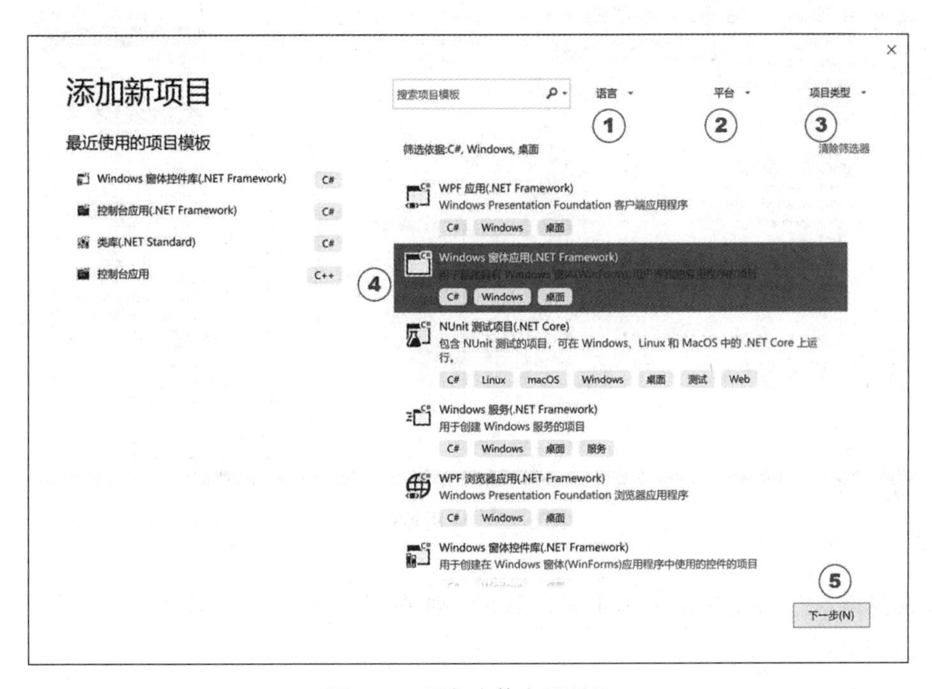

图 5.21　添加窗体应用项目

右击 Chap5 项目下的“引用”，在弹出的引用管理器中，选择“项目”→“解决方案”，如图 5.22 中②所示，在列表框中选择“CoorTrans”，如③所示，单击④“确定”。

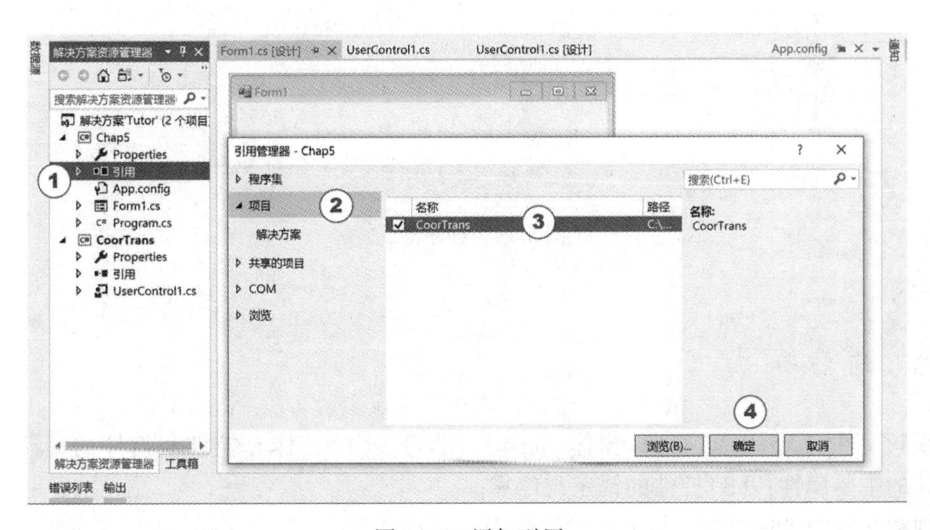

图 5.22　添加引用

右击 Chap5 项目下的“Form1. cs”，如图 5.23 中②所示，在“工具箱”出现有“CoorTrans 组件”，将“UserControl1”拖动到 Form1 窗体上。

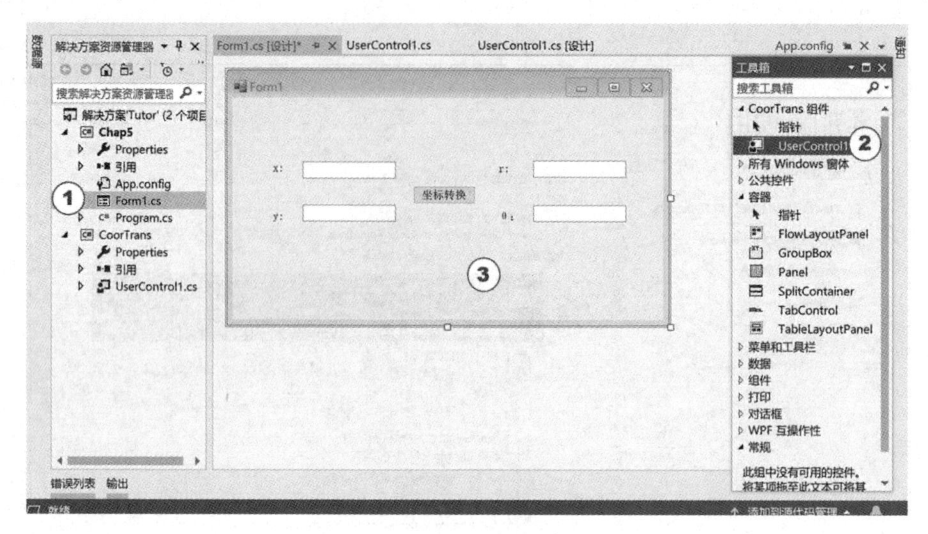

图 5.23　应用控件

按快捷键 F5，在弹出的窗体上输出数据，如在图 5.24 中②③输入数据，单击“坐标转换”进行测试。

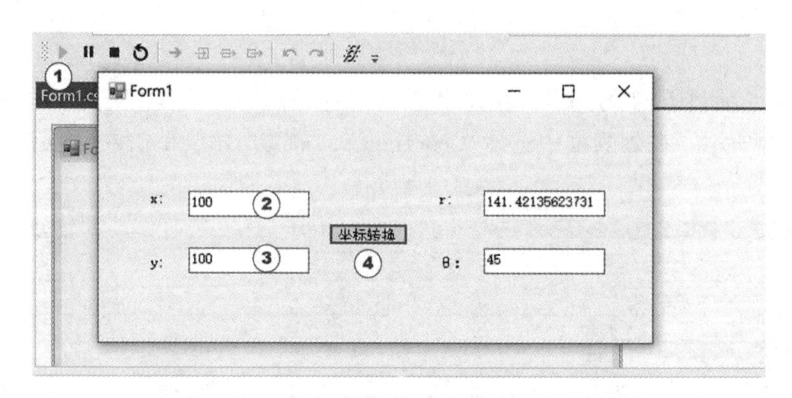

图 5.24　程序测试

七、综合练习

1. 看视频文件“EX5-1 Windows 窗体 . mp4”，学习：(1)窗体是控件和组件的容器；(2)窗体的主要属性；(3)控件的锚定与停靠。
2. 看视频文件“EX5-2 菜单与工具栏的编程 . mp4”，学习：(1)菜单；(2)工具栏。
3. 看视频文件“EX5-3 简易计算器 . mp4”，编程实现加、减、乘、除运算。

4. 看视频文件“EX5-4 基本组件的创建与使用 . mp4”，学习：(1)基本组件的创建；(2)基本组件的引用。
5. 看视频文件“EX5-5 桃花朵朵开 . mp4”，学习：(1)图标制作；(2)图像显示。
6. 看视频文件“EX5-6 利用 Mschart 控件进行图形显示 . mp4”，学习 chart 控件的应用。
7. 看视频文件“EX5-7 简易画笔的开发 . mp4”，学习窗体应用综合开发。
8. 以下哪个选项不是控件__________。

   A. Form 窗体　　B. TextBox　　C. 定时器　　D. ListView
9. 在 IDE 窗口中，在__________窗口中可以查看当前项目的类和类型的层次信息。

   A. 解决方案资源管理器　　B. 属性

   C. 资源视图　　D. 类视图
10. 以下说法错误的是__________。

    A. 复选框表示一组互斥选项

    B. 窗体是增加控件的容器

    C. 典型鼠标事件包括鼠标单击、鼠标按下、鼠标移动
11. 编程题：现设计一个子窗体，功能是实现球坐标转换为直角坐标。其界面如图 5.25 所示：

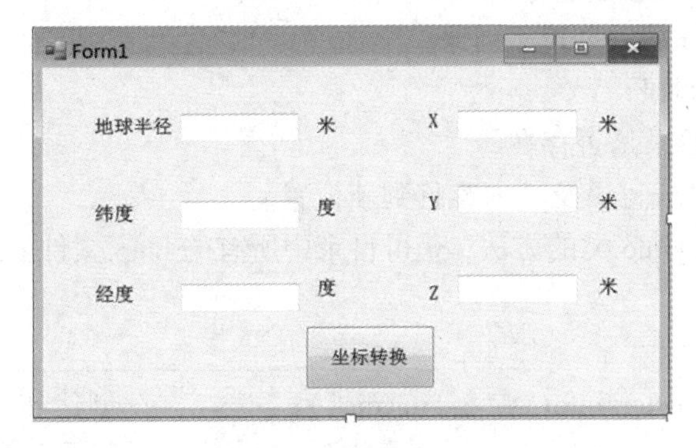

图 5.25　效果界面

且文本框先左后右、从上至下的 Name 属性依次为 Textbox1、Textbox2、Textbox3、Textbox4、Textbox5、Textbox6。按钮的 Name 属性为 button1。

请添加按钮单击事件，实现单击此按钮可完成球坐标向直角坐标的转换。

第6章　流与泛型

一、目录与文件

1. 目录管理

目录管理包括：对目录及子目录进行创建、删除、移动、浏览等操作，甚至还可以定义隐藏目录和只读目录。

DirectoryInfo 类提供的是实例方法，先要创建一个对象，才可用它的方法和属性。Directory 类是静态目录管理方法，主要属性和方法有：

(1) CreateDirectory：创建目录。

(2) CreateSubdirectory：创建子目录。

(3) Delete：删除目录。

(4) Exists：确定目录是否存在。

(5) Move：将文件或目录及其内容移到新位置。

【例 1】 用 DirectoryInfo 类的方法，获得目录中所有的 bmp 文件，并列举 bmp 文件的相关属性。

```
1   var dir = new DirectoryInfo(@"c:\imgdir");              //创建 dir 对象
2   if (! dir.Exists) return;                               //目录不存在,则返回
3   FileInfo[ ] bmpfiles = dir.GetFiles("*.bmp");           //获得目录中所有的 bmp 文件
4   Console.WriteLine("Total number of bmp files={0}", bmpfiles.Length);
5   foreach( FileInfo f in bmpfiles)                        //列举每个 bmp 文件的相关属性
6   {
7       Console.WriteLine("文件名：{0}, 文件长度={1}", f.Name, f.Length);
8       Console.WriteLine("文件属性：{0}",f.Attributes.ToString());
9   }
10  dir.CreateSubdirectory("SubDir");                       //创建子目录 SubDir
```

2. 文件

文件操作包括文件创建、打开、移动、复制、重命名、删除和追加等。

File 类是静态文件操作类，FileInfo 类是非静态文件操作类。主要的属性和方法有：

(1) Open(string FilePath, FileMode)：打开文件。

(2) Create(string FilePath)：创建文件。

(3) OpenRead(string FilePath)：打开文件，进行读取。

(4) AppendText(string FilePath)：追加到现有文件。

【例 2】 用 File 类的方法复制、移动、删除文件。

```
1  //如果文件不存在,则创建它,添加数据"abc"后关闭文件
2  if (! File.Exists("c:/data.txt"))
3       File.WriteAllText("c:/data.txt", "abc");
4  //复制文件,在 c 盘产生了"复制 data.txt"文件。
5  File.Copy("c:/data.txt", "c:/复制 data.txt");
6  //移动文件:产生"复制 data2.txt"文件,"复制 data.txt"被删除
7  File.Move("c:/复制 data.txt", "c:/Program Files/复制 2data.txt");
8  //删除文件
9  File.Delete("c:/data.txt");
```

二、流

1. 流的基本思想

流是一连串的二进制数据对象。Stream 最初表达的是"水流"，借用水流这个形象的单词，.NET 定义了一个抽象类 Stream，表示对所有流的抽象。

当加载一个文件时，就仿佛从"河里"(硬盘)舀一杯"水"(一个文件)，这杯"水"由特定的 n 个小水滴(字节)组成，也就是我们所说的数据流。字节是数据流的最小单位。

由于流是以序列的方式对数据进行操作，因而支持长度和当前位置的概念。

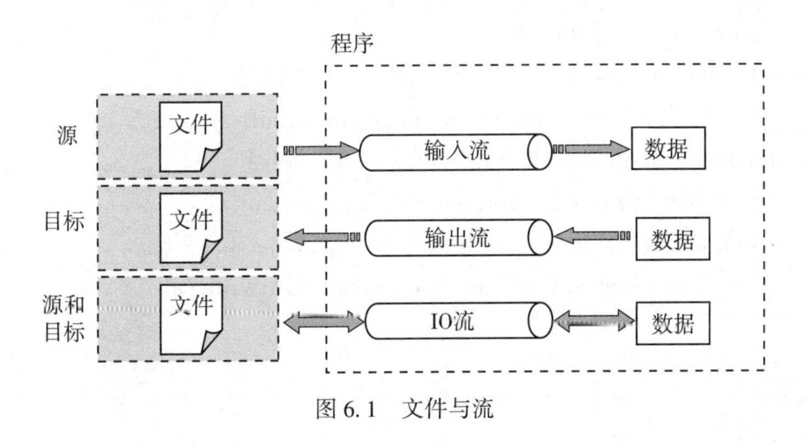

图 6.1　文件与流

不同的流可能有不同的存储介质，比如磁盘、内存、网络等。下面的类都是 Stream 类的派生类，流是它们的对象。

(1) MemoryStream 对象称为内存流，以内存作为数据流。

(2) BufferedStream 对象称为缓存流，为另一个流对象维护一个缓冲区，用来操作缓存中的数据。

(3) FileStream 对象称为文件流，用于文件的读写操作。

(4) NetworkStream 对象表示网络流，它是以网络为数据源的流，可以通过此流发送或接收网络数据。

【例 3】 内存流的使用。首先创建一个内存流，然后写数据到流中，再读出流中数据。

```
1   class Program
2   {
3       static void Main(string[ ] args)
4       {
5           MemoryStream memStream = new MemoryStream( );//创建内存流
6           for (int i = 0; i < 10; i++).
7               memStream.WriteByte((byte)i); //写入到内存流中
8           //从内存流写到 buffer 中
9           byte[ ] buffer = new byte[5];
10          memStream.Position = 3;
11          memStream.Read(buffer, 0, 5);
12          //依次读出内存流的字节
13          for (int i = 0; i < memStream.Length; i++)
14          {
15              memStream.Position = i;
16              Console.WriteLine("内存流位置{0}上的值是:{1}",
17                  memStream.Position, memStream.ReadByte());
18          }
19          memStream.Position = 10;
20          Console.WriteLine("内存流位置{0}上的值是:{1}",
21              memStream.Position, memStream.ReadByte());
22          Console.WriteLine("内存流长度={0}, 容量={1}",
23              memStream.Length, memStream.Capacity);
24          Console.WriteLine("CanRead={0}  CanWrite={1}  ",
25              memStream.CanRead, memStream.CanWrite);
26      }
27  }
```

2. Stream 类

Stream 类的主要属性和方法包括：

(1)Length：流的长度。

(2)Position：流的当前位置。

(3)Read：从流中读取一个字节序列到 byte[ ]。

(4)Write：向流中写入一个字节序列。

(5)Seek：设置流的当前位置。

(6)Close：关闭流。

Seek 方法则需要通过 SeekOrigin 枚举类型指定偏移基准，即是从开始位置、结束位置还是当前位置(SeekOrigin. Begin，SeekOrigin. End，SeekOrigin. Current)进行偏移。如果指定为 SeekOrigin. End，那么偏移量就应该为负数，表示将当前位置向前移动。

【例 4】Seek 方法的使用。

```
1   //打开流,当前位置为 0
2   Stream s = File.Open("C:\\log.txt", FileMode.Open, FileAccess.Read);
3   //将当前位置移动到 5
4   s.Seek(5, SeekOrigin.Begin);
5   //读取 1 个字节后,当前位置移动到 6
6   s.ReadByte();
7   //读取 10 个字节后,当前位置移动到 16
8   s.Read(new byte[20], 6, 10);
9   //将当前位置向前移动 3 个单位,移动到 13
10  s.Seek(-3, SeekOrigin.Current);
11  //关闭流
12  s.Close();
```

三、文件流

1. 读写文件数据的一般步骤

采用流模型读写文件数据的一般步骤如下：

①用 File 类或 FileInfo 对象打开文件，返回的是 FileStream 对象；

②要读写文本数据，对 FileStream 对象包装一个 StreamReader 和 StreamWriter 的实例，要读写二进制数据，对 FileStream 对象包装 BinaryReader 和 BinaryWriter 的实例。

③用 StreamReader 和 StreamWriter 方法完成文本数据的输入输出；用 BinaryReader 和

BinaryWriter 方法完成二进制数据的输入输出。

④关闭 FileStream 对象和 StreamReader 等对象。

文件读写示意图如图 6.2 所示。

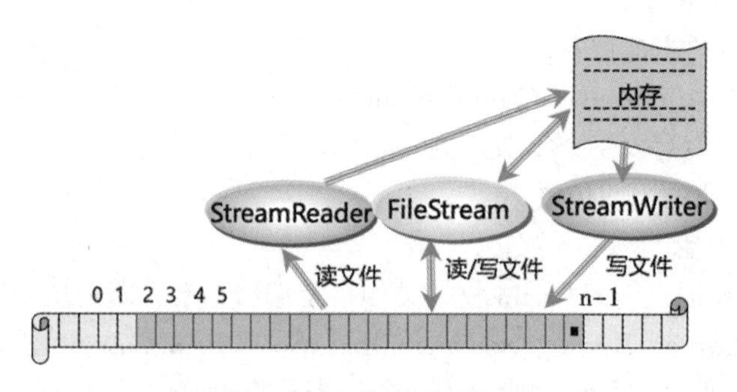

图 6.2　文件读写示意图

2. 文本文件读写

有多种方法可打开文本文件的读写数据，下面主要以读文本文件为例进行讨论。

方法 1：

(1)用 File 类或 FileInfo 对象打开文件，返回 FileStream 对象：

FileStream stream = File. Open(filename, FileMode. Open, FileAccess. Read);

(2)用 FileStream 对象生成 StreamReader(或 StreamWriter)的实例：

StreamReader reader = newStreamReader(stream);

(3)使用 StreamReader 完成输入，用 StreamWriter 完成输出；

(4)关闭 StreamReader(或 StreamWriter)对象和 FileStream 对象。

方法 2：

(1)用 StreamReader(或 StreamWriter)的构造函数在一步内，打开文件(生成内部 FileStream 对象)，并创建读写器对象：

StreamReader reader = newStreamReader(filename);

(2)然后使用 StreamReader 完成输入，用 StreamWriter 完成输出；

(3)关闭 StreamReader(或 StreamWriter)对象。

【例 5】打开文本文件并显示其内容。

```
1  class Program
2  {
3      static void Main(string[ ] args)
4      {
5          string filename = "c:/data. txt";
6          StreamReader reader = null;
```

```
7          try
8          {
9              reader = new StreamReader(filename);
10             for (string line = reader.ReadLine ( ); line ! = null; line = reader.
   ReadLine( ))
11                 Console.WriteLine(line);
12         }
13         catch (IOException e)
14         {
15            Console.WriteLine(e.Message);
16
17         }
18         finally
19         {
20            if (reader ! = null) reader.Close( );
21         }
22     }
23 }
```

3. 二进制文件读写

如果文件包含非文本的数据，那么它是二进制(即字节流)文件。

BinaryReader 和 BinaryWriter(二进制读写器)以二进制方式对流进行 IO 操作。它们的构造函数中需要指定一个 Stream 类型的参数，如有必要还可以指定字符的编码格式。和文本读写器不同的是，BinaryReader 和 BinaryWriter 对象不支持从文件名直接进行构造。所以只能用前文方法 1 读写二进制文件。

【例 6】写数据到二进制文件中。

```
1  //创建文件流和二进制读写器对象
2  var stream = new FileStream("c:\\data.bin", FileMode.Create);
3  var  bw = new BinaryWriter(stream);
4  //依次写入各类型数据
5  bw.Write(25);
6  bw.Write(3.1415926);
7  bw.Write('A');
8  //关闭文件
9  bw.Close( );
10 stream.Close( );
```

【例 7】读取二进制文件。

1	//创建文件流和二进制读写器对象
2	var stream = new FileStream("c:\\data.bin", FileMode.Open);
3	var br = new BinaryReader(stream);
4	//定位到流的开始位置
5	stream.Seek(0, SeekOrigin.Begin);
6	//依次读出各类型数据
7	int i = br.ReadInt32( );
8	double d = br.ReadDouble( );
9	char c = br.ReadChar( );
10	// 关闭文件
11	br.Close( );
12	stream.Close( );

四、泛型

1. 泛型的基本思想

泛型是通过参数化类型实现在同一份代码上操作多种数据类型，泛型编程是一种编程范式，它利用“参数化类型”将类型抽象化，从而实现更为灵活的复用。泛型使用一个通用数据类型 T，在类实例化时知道 T 的类型，运行时自动编译为本地代码，运行效率和代码质量都有很大提高。

泛型的主要目的是代码重用、强类型以及处理效率。泛型类型包括泛型方法、泛型接口、泛型类、泛型委托。

2. 泛型方法

泛型方法的声明方法如下：

修饰符 返回类型 方法名<T1, ……>(T1 参数 1, ……)

{ 代码段 }

调用时将 T 替换为实际类型。

【例 8】泛型方法。

1	void swap<T>(ref T x, ref T y)
2	{
3	T temp = x;

```
4         x = y;
5         y = temp;
6     }
7     void btnSwap_Click(object sender, EventArgs e)
8     {
9         var s1 = textbox1.Text;
10        var s2 = textbox2.Text;
11        swap<string>( ref s1, ref s2);
12        textbox1.Text = s1;
13        textbox2.Text = s2;
14    }
```

3. 泛型类

声明方法：修饰符 class 类名<T1, T2, T3 ……> {成员}

调用：将 T 替换为实际类型。

【例 9】泛型类。

```
1     public class Stack<T>
2     {
3         T[ ] items = new T[100];
4         int top = 0;
5         public void Push(T x)
6         {
7             items[top++] = x;
8         }
9         public T Pop()
10        {
11            return items[--top];
12        }
13    }
14    public static void Main( )
15    {
16        Stack<int> st = new Stack<int>();
17        for(int i=1; i<=10; i++)
18        st.Push(i);
19        int x = (int)st.Pop();
20        string y = (string)st.Pop();
21    }
```

4. 泛型结构

声明方法：修饰符 struct 结构名 <T1, T2, T3 ……>
{ 结构成员 }
调用：将 T 替换为实际类型。
【例 10】泛型结构。

```
1  public struct Students<T1, T2>
2  {
3      public T1 Name;
4      public T2 Age;
5      public Students ( T1 name, T2 age )
6      {
7          Name = name;
8          Age = age;
9      }
10 }
```

5. 泛型接口

接口声明：将类型参数放到一对尖括号中。
继承：类型参数需在派生类型中出现。
【例 11】泛型接口。

```
1  interface IPair<T1, T2>
2  {
3      T1 First  { get; set; }
4      T2 Second { get; set; }
5  }
6  public struct Pair<T1,T2>:IPair<T1,T2>
7  {
8      public T1 First  { get; set; }
9      public T2 Second { get; set; }
10     public Pair(T1 first, T2 second)
11     {
12         First = first;
13         Second = second;
14     }
15 }
```

五、泛型集合

1. 堆栈 Stack<T>

堆栈 Stack<T>实现了一种后进先出的数据结构，对象的存储形式是：最后插入的对象位于栈的顶端，限定仅在表的一端进行插入或删除操作，按后进先出（或先进后出）的原则进行操作。

只能进行插入和删除操作的一端称为栈顶 top，而另一端称为栈底 bottom。

常用方法有以下四种：

（1）Push：新对象插入。

（2）Pop：移除顶端对象。

（3）Clear：清空栈。

（4）Contains：是否包含。

例如：

```
Stack <int> stack = new Stack<int>( );
stack. Push(100);
Stack. Clear( );
```

2. 队列 Queue<T>

队列表示对象的先进先出、后进后出集合，在队尾进行插入操作，在队头进行删除操作。把进行插入操作的表尾称为队尾（Rear），把进行删除操作的头部称为队头（Front）。当队列中没有数据元素时称为空队列（Empty Queue）。

队列的操作是按照先进先出（First In First Out）或后进后出（ Last In Last Out）的原则进行的，因此，队列又称为 FIFO 表或 LILO 表。

常用方法有以下四种：

（1）Enqueue：添加对象；

（2）Dequeue：移除对象；

（3）Clear：　清空；

（4）Contains：是否包含。

例如：

```
Queue <int> Waiters = new Queue<int>( );
Waiters. Enqueue(100);
int WaiteBus= Waiters. Dequeue( );
```

3. 顺序列表 List<T>

List<T>是对 Array 的进一步封装，并且扩展了 Array 的一些方法。List<T> 可以避免对元素检索时进行频繁的装箱和取消装箱操作；解决了 ArrayList 缺少编译时的类型检查这个问题。

创建集合：var　对象名 = new List<T>(　);

增加元素：对象名 . Add ( )；

访问元素：对象名[索引号]。

例如：

```
List<int> list = new List<int>( );
list . Add (30);
list . Add (100);
string OutList = "";
foreach (int item in list)
{    OutList +=item. ToString( );     }
```

4. 双向链表 LinkedList<T>

链表在存储数据元素时，除了存储元素的本身信息外，还要存储它的相邻元素的存储地址。

【例 12】双向链表 LinkedList<T>。

```
1  using System;
2  using System. Collections. Generic;
3  namespace ConsoleApplication
4  {
5      class Program
6      {
7          static void Main(string[ ] args)
8          {
9              LinkedList<int> a = new LinkedList<int>( );
10             a. AddFirst(3);
11             a. AddLast(1);
12             a. AddLast(4);
13             foreach (int i in a)
14                 Console. Write(i + " ");
15             Console. WriteLine( );
16             LinkedListNode<int> cur = a. Find(3); //cur 对应 3 所在的位置
17             a. AddBefore(cur, 2);                 //在 3 前面添加 2
18             foreach (int i in a)
19                 Console. Write(i + " ");
20             a. Remove(3);
21             a. Clear( );
22             Console. Read( );
23         }
24     }
25 }
```

5. 字典 Dictionary<K，V>

字典 Dictionary<K，V>通过键/值保存元素，并具有泛型的全部特征，提供了从一组键到一组值的映射。字典中的每个添加项都由一个值及其相关联的键组成，通过键检索值。该泛型类提供的常用方法如下：

(1) Add 方法：将带有指定键和值的元素添加到字典中。

(2) TryGetValue 方法：获取与指定的键相关联的值。

(3) ContainsKey 方法：确定字典中是否包含指定的键。

(4) Remove 方法：从字典中移除带有指定键的元素。

例如：Dictionary<K，V>的使用。

```
var dict =  new Dictionary<string, string>();
dict.Add("001", "Tom");
dict.Add("002", "Mashell");
foreach (var d in dict)
{
  Console.WriteLine(d.Value);
}
```

六、案例实训

【例 13】 编写程序数据文件(轨道文件.txt)，该文件包含 4 列 13 行，第一列是时间(以秒为单位)，第二列是卫星轨道 X 分量(以千米为单位)，第三列是卫星轨道 Y 分量(以千米为单位)，第四列是卫星轨道 Z 分量(以千米为单位)，数据如表 6-1 所示。

将数据读入到 DataGrid 列表中，并在 Chart 控件显示。

表 6-1 **数据文件**

300，21182.88，-7044.56，14639.48
600，21707.87，-6930.28，13906.68
900，22207.04，-6828.65，13147.66
1200，22679.16，-6738.66，12363.84
1500，23123.06，-6659.23，11556.71
1800，23537.69，-6589.21，10727.78
2100，23922.07，-6527.40，9878.61
2400，24275.33，-6472.54，9010.81
2700，24596.67，-6423.32，8126.00
3000，24885.42，-6378.40，7225.86
3300，25141.01，-6336.41，6312.08
3600，25362.96，-6295.93，5386.38
3900，25550.92，-6255.54，4450.51

1. 图标的制作

通过菜单“文件(F)”→“新建(N)”→“项目(P)”，打开“创建新项目”对话框，选择“Windows 窗体应用(.NET Framework)”项目类型，单击“下一步”按钮。

在新项目配置中，项目名称设置为 Chap6，产生项目模板。

单击“Form1.cs”文件，在窗体上添加 toolStrip1、dataGridView1、chart1、openFileDialog1 等对象，如图 6.3 所示，并为 toolStrip1 添加三个按钮。

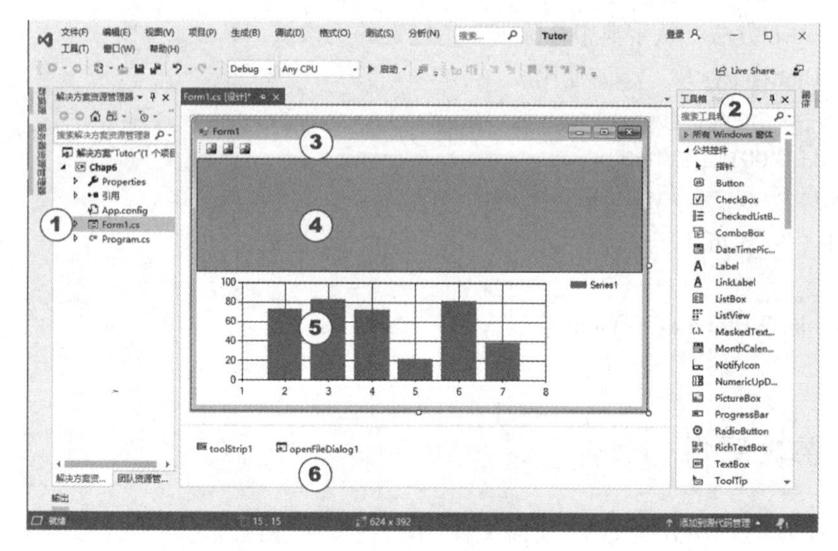

图 6.3 用户界面设计

鼠标在项目 Chap6 上右击，在弹出的对话框中选择“添加(D)”，然后选择“新建项(W)”，如图 6.4 所示。

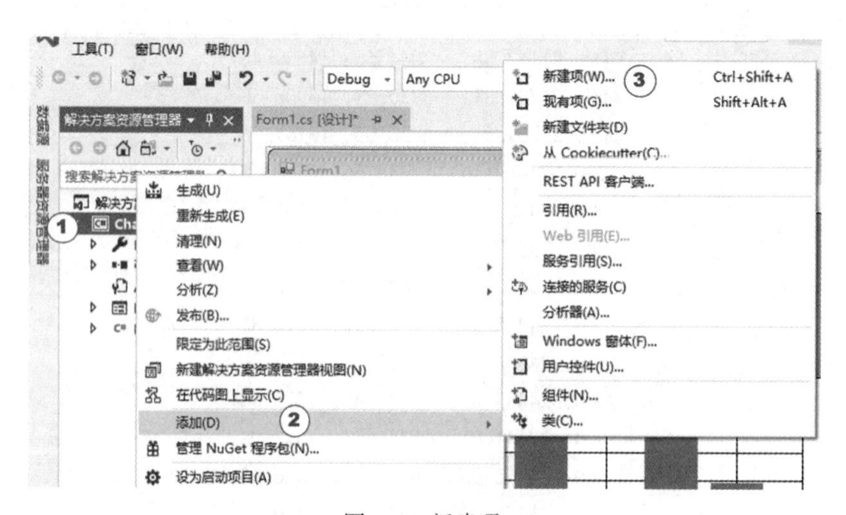

图 6.4 新建项

在如图6.5所示的“添加新项”对话框中，选择如图6.5中①处“图形”，然后在如②位置所示处的“位图图像(.bmp)”，给定合适的文件名称，再单击“添加(A)”按钮，完成位图图像文件的创建。

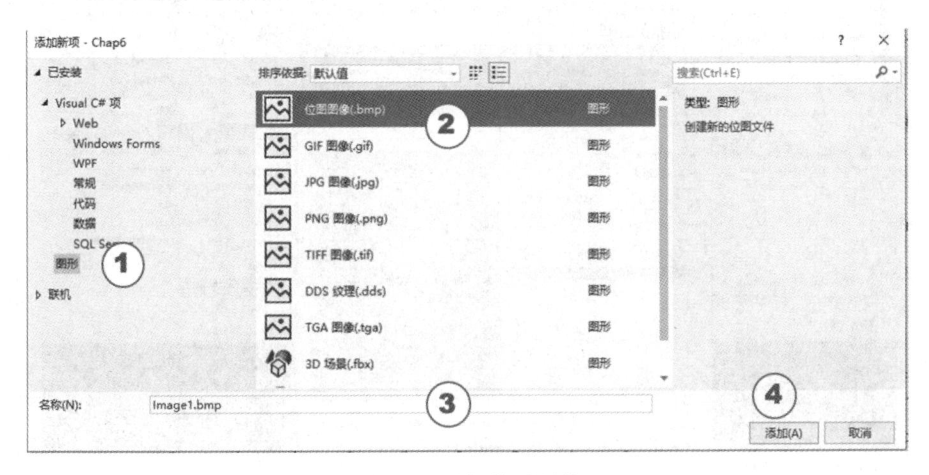

图6.5 添加位图图像

如图6.6所示，单击位图文件(Image1.bmp)打开该文件，在属性对话框中设置合适的宽度和高度，如图6.6②处所示，例如可以设置24px。

然后进行图像编辑，可以利用如图6.6中④处的放大工具，将图像放大进行编辑。有多种工具可用于图像绘制，也可以选择合适的颜色进行搭配。绘制完成后保存图像。

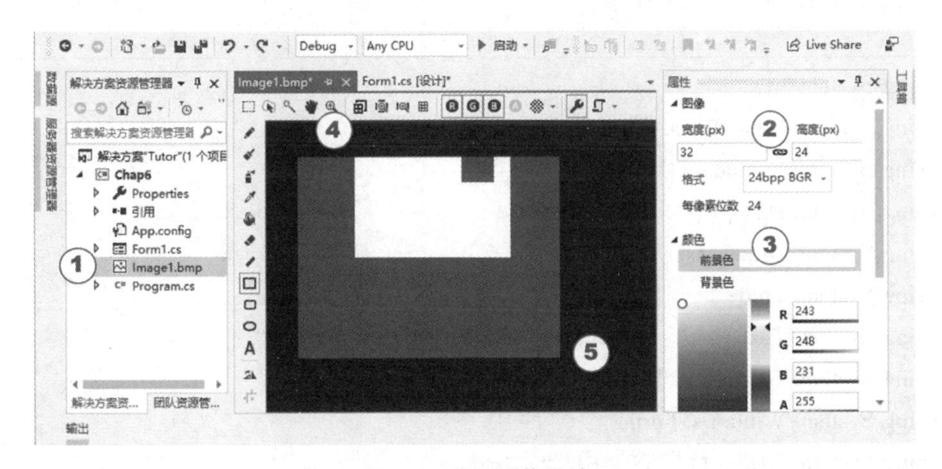

图6.6 位图图像设计

图像绘制完成后，可以将其赋给工具栏上的某个按钮，如图6.7所示。打开Form1.cs，在窗体上选择工具栏中的某个按钮，在属性框中选择Image属性，如图6.7③所示，然后单击其后的“…”按钮，如图6.7④所示。

在“选择资源”对话框中，选择本地资源，如图6.7⑥所示，然后单击“导入(M)”按钮，在弹出的对话框中选择刚才创建的位图文件(如 Image1. bmp)，再按“确定”按钮。

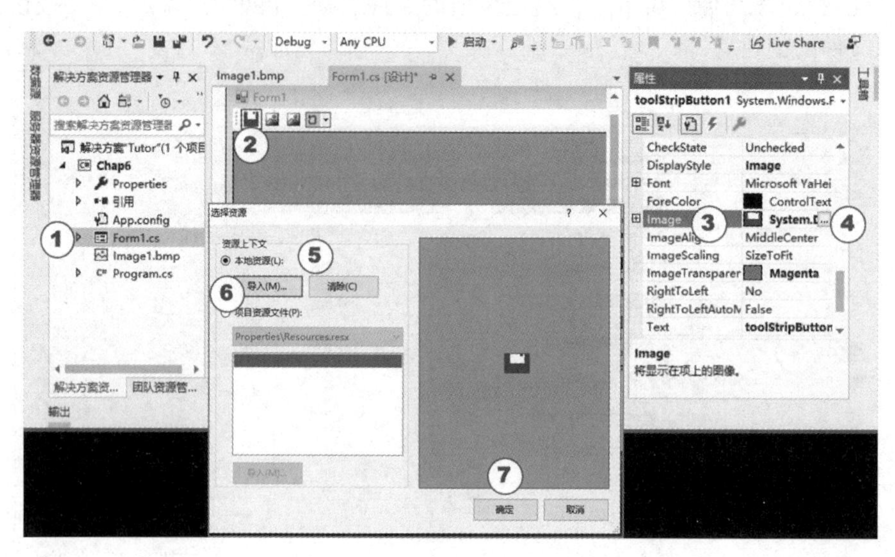

图 6.7　将位图赋给工具栏的图标

2. 编辑源码

将工具栏上的三个按钮的 Name 属性依次命名为 ToolButtonOpen、ToolButtonDataView、ToolButtonChart，然后依次双击这三个按钮，完成程序模板框架的创建。

然后编辑程序源码，如下所示：

```
1   using System;
2   using System. Collections. Generic;
3   using System. ComponentModel;
4   using System. Data;
5   using System. Drawing;
6   using System. Linq;
7   using System. Text;
8   using System. Threading. Tasks;
9   using System. Windows. Forms;
10  using System. IO; //读取数据用
11  namespace Chap6
12  {
13      public partial class Form1 : Form
14      {
15          //声明数据表,用于存储数据
```

```
16          DataTable table =new DataTable();
17          public Form1()
18          {
19              InitializeComponent();
20              InitTable();
21          }
22          //初始化数据表
23          void InitTable()
24          {
25              table.Clear();
26              table.Columns.Add("T", typeof(double));
27              table.Columns.Add("X", typeof(double));
28              table.Columns.Add("Y", typeof(double));
29              table.Columns.Add("Z", typeof(double));
30          }
31          //读取数据
32          private void ToolButtonOpen_Click(object sender, EventArgs e)
33          {
34              //调用打开文件对话框
35              if(openFileDialog1.ShowDialog()= =DialogResult.OK)
36              {
37                  string file = openFileDialog1.FileName;
38                  //声明文本文件输入流
39                  var reader = new StreamReader(file);
40                  while(! reader.EndOfStream)
41                  {
42                      //读取一行
43                      var line = reader.ReadLine();
44                      if(line.Length>0)
45                      {
46                          var buf = line.Split(',');
47                          //将数据存储到 table 对象中
48                          DataRow row = table.NewRow();
49                          row["T"] = buf[0];
50                          row["X"] = buf[1];
51                          row["Y"] = buf[2];
52                          row["Z"] = buf[3];
```

```
53                              table. Rows. Add(row);
54                          }
55                      }
56                      //关闭文件流
57                      reader. Close();
58                  }
59              }
60              //将数据显示在 dataGridView1 对象中
61              private void ToolButtonDataView_Click(object sender, EventArgs e)
62              {
63                  dataGridView1. DataSource = table;
64              }
65              //数据以图形的形式显示
66              private void ToolButtonChart_Click(object sender, EventArgs e)
67              {
68                  chart1. Series. Clear();
69                  chart1. Series. Add("XY");
70                  for (int i = 0; i < table. Rows. Count; i++)
71                  {
72                      double X = double. Parse(table. Rows[i]["X"]. ToString());
73                      double Y = double. Parse(table. Rows[i]["Y"]. ToString());
74                      chart1. Series["XY"]. Points. AddXY(X, Y);
75                  }
76                  chart1. Series["XY"]. ChartType = System. Windows. Forms. Data
77  Visualization. Charting. SeriesChartType. Point;
78                  chart1. DataBind();
79              }
80          }
81  }
```

3. 运行测试

编译并运行程序，读入数据，并显示所读取的数据结果，如图 6. 8 所示。

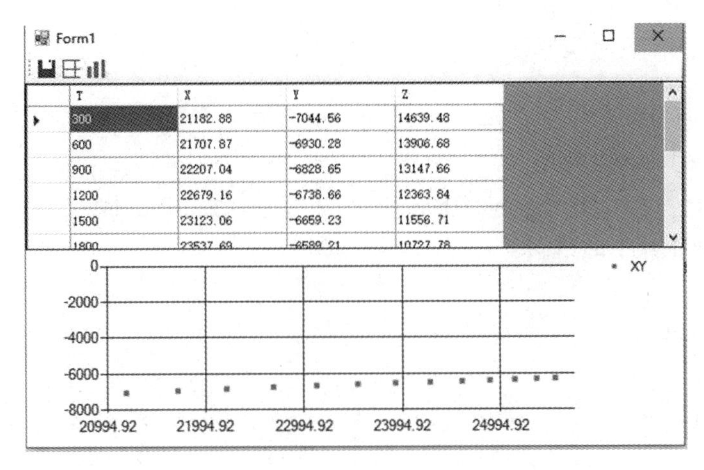

图 6.8　运行效果测试

七、综合练习

1. 看视频文件“EX6-1 文件读取练习 .mp4”，学习：(1)文本文件准备；(2)文本文件读写。
2. 下面的 C#代码用来执行文件拷贝：

```
using System;
using System. IO;
class Copy
{
    static void Main(string[ ] args)
    {
        Directory. CreateDirectory("C#. NET");
        File. Copy("A01. TXT","C#. NET\ \ ACCP. TXT");
        Console. ReadLine();
    }
}
```

假设当前目录下文件“A01. TXT”存在，以下说法正确的是__________。

A. 程序不能编译通过，因为 File 类中包含 Copy 方法，类名 Copy 产生重复

B. 程序不能编译通过，因为 Directory、File 没有被实例化

C. 程序能编译通过，但会产生运行时错误，因为创建的文件夹不允许包含“#”字符

D. 程序能编译通过，并且能够正确执行文件拷贝

3. 下列代码的运行结果是__________。

```
List<int> arr=new List<int>();
```

```
for(int i=5; i>0; i--)
    arr. Add(i);
console. Write(arr[2]);
```

A. 2　　B. 3　　C. 4　　D. 5

4. StreamReader 的命名空间是__________。

A. System. IO　　B. System. Data　　C. System. Drawing

5. 分析代码，改正其中的错误。

```
using System;
namespace Test2017
{
    class Test2_ 4
    {
        void WriteTest()
        {
            BinaryWriter bw = newBinaryWriter("c: \ \ data. bin");
            bw. Write(3. 1415926);
            bw. Close();


        }
    }
}
```

6. 编程题：文件读写应用。

(1)编写一个 Point 类，包含 Name，X，Y，Z 属性；

(2)编写一个 CompueDistance 类，定义 Point 类两个实例化对象 P1，P2；

(3)在 CompueDistance 类编写一个 Read 函数，读“D：\ 坐标 . txt”文件(文件内容见以下方框内容)，将结果存储到 P1 和 P2 中；

(4)在 CompueDistance 类编写一个 Distance 函数，计算 P1 和 P2 之间的距离；

(5)在 CompueDistance 类编写一个 Write 函数，将距离计算结果保存到“D：\ 距离 . txt”。

```
测站, X, Y, Z
P1,-18877.69,17778.61,-5561.69
P2,-18802.87,17539.5,-6474.91
```

7. 编程题：(1)编写一个堆栈的泛型类；(2)编写一段程序，测试所编写的泛型类。

8. 编写一个类型参数为值类型的泛型矩阵类。该类包含泛型方法：矩阵的加法运算和乘法运算，并在 Main 方法中编写测试矩阵的加法运算的代码。

第 7 章　ADO. NET 数据库操作

一、SQL 语句

结构化查询语言(Structured Query Language)简称 SQL，用于关系数据库的数据查询、存取更新和管理。

1. SQL 语句分类

SQL 语句分为三类：①数据定义语言(DDL)：用于定义 SQL 模式、基本表、视图、索引等结构；②数据操作语言(DML)：数据查询和数据更新(插入、删除和修改)；③数据控制语言(DCL)：数据库的恢复、并发控制，以及数据库的安全性、完整性控制。SQL 功能分类详见表 7-1。

表 7-1　**SQL 功能分类**

SQL 功能	动　词
数据定义	create,drop, alter
数据查询	select
数据操作	insert,update,delete
数据控制	grant,revoke

2. 数据库模式的建立与删除

建立数据库模式的命令：

create　{schema | database}　<数据库名>

[authorization <所有者名>]

例：create database　sc　//建立 sc 数据库

语句说明：标识符/大小写等效。数据库的所有者必须为数据库系统的合法用户，且具有建立数据库的权限。

打开数据库：use<数据库名>

删除数据库模式的命令：

drop　{schema | database}　<数据库名>

例：drop database sc //删除 sc 数据库

在实际操作中建立和删除数据库模式通常是通过窗口界面实现的。

3. 创建数据表

创建数据表的基本语法如下：

```
create table 表名称
(列名称 1 数据类型,
 列名称 2 数据类型,
...)
```

每个列后面的完整性约束称为列级完整性约束，它给出对该列数据的完整性约束条件；列级完整性约束有 6 种。

表级完整性约束在所有列定义后给出，它包括 4 种，分别是主码约束 PRIMARY KEY、单值约束 UNIQUE、外码约束 FOREIGN KEY 和检查约束 CHECK。

数据类型包括：①char(n)：定长字符型；②int/integer：整型/整数型，占用 4 个字节；③float：浮点型/实数型，占用 4 或 8 个字节；④date/datetime：日期型，占用 4 或 8 个字节，格式为 yyyy-mm-dd 或 yyyy/mm/dd，字符数据和日期数据在书写时用单引号括起来；⑤varchar(size)：可变字符串。

例如：Create table。

```
create table Persons
( Id int,
  LastNamevarchar(20),
  FirstNamevarchar(50),
  Addressvarchar(125),
  Cityvarchar(25)
)
```

4. insert 语句

insert 语句：表内容的插入。其基本语法为：

```
insert into table_ name (列 1, 列 2, ……)
values (值 1, 值 2, ……)
```

例如：

```
insert into Persons (LastName, Address) values ('Wilson', '129 Luoyu Rd.')
```

5. update 语句

Update 语句：修改表中的数据。其基本语法为：

```
update 表名称 set 列名称 = 新值
where 列名称 = 某值
```

例如：

update Persons set FirstName = 'Fred' where LastName = 'Wilson'

6. delete 语句

delete from 表名称 where 列名称 = 值

语句说明：from 选项(给出非当前表)，where 选项(给出删除记录的条件，若省略则删除表中的所有记录)。

例如：

delete from Persons where LastName='Wilson'

表示“删除所有行”的基本语法为：

delete from table_name

或 delete * from table_name

7. 数据查询

select 查询语句具有丰富的数据查询功能，能够实现关系运算中的大多数运算，如选择、投影、连接、并等，并且还带有分组、排序、统计等数据处理功能。

select 查询语句的结果有多种可能，有可能为空、单值元组、一个多值元组等，若为单值元组时，此查询可以作为一个数据项出现在任何表达式中。

select 语句可以作为一个语句成分(即子查询)出现在各种语句中，若在 select 语句的 where 选项中仍使用一个 select 语句，则称为 select 语句的嵌套。SQL 查询只对应一条语句，即 select 语句。该语句带有丰富的选项(子句)，每个选项都由一个特定的关键字标识，后跟一些需要用户指定的参数。

select　　　<列名>

from　　　　<表名>

[where　　　<查询条件表达式>]

[order by　　<排序的列名>[asc 或 desc]]

例如：

select Id, FirstName, Address　　from Persons

where City = 'Wuhan'　order by　LastName

select 语句中使用如下列函数：个数：count([all | <列名> | *)；最大值：max(列名)；最小值：min(列名)；平均值：avg(列名)；和 sum(列名)。

SQL 语句中的运算符有以下几种：

①算术运算符：+，-，*，/；②逻辑运算符：与 and、或 or，非 not；③比较符：=，!=，>，<，>=，<=；④between：判断列值是否满足指定的区间；⑤in，not in，any，all 判断是否为集合成员。SQL 的通配符见表 7-2。

表 7-2 **SQL 的通配符**

通配符	解 释	示 例
'_'	一个字符	A Like 'C_'
%	任意长度的字符串	B Like 'CO_%'
[]	括号中所指定范围内的一个字符	C Like '9W0[1-2]'
[^]	不在括号中所指定范围内的一个字符	D Like '%[A-D][^1-2]'

例如：学生选课查询。

假设学生选课数据库有三个表即学生表 S、课程表 C 和学生选课表 SC，它们的结构如下所示，请根据所给的每种功能写出相应的查询语句。

s(s#, sn, sex, age, dept)

c(c#, cn)

sc(s#, c#, grade)

其中：s#为学号，sn 为姓名，sex 为性别，age 为年龄，dept 为系别，c#为课程号，cn 为课程名，grade 为课程成绩。

(1)查询所有姓王的学生的姓名和性别：

```
select    sn, sex from    s
where    sn    like '王*'
```

(2)统计学生选课数据库中开出的课程总数：

```
select    count(*)    as    课程总数 from      c
```

(3)查询每个学生选修每门课程的有关数据(姓名、课程名和成绩等)：

```
select    s.sn, c.cn, sc.grade
from      s, c, sc
where     s.s#=sc.s#    and    c.c#=sc.c#
```

(4)查询所有与"张建"同年出生的学生姓名、年龄和性别：

```
select    sn, age, sex from      s
where    age=(select    age    from    s    where    sn="张建")
```

二、ADO.NET 数据库模型

1. 数据对象模型

ADO.NET 用于以关系型的、面向表的格式访问数据，用来分离数据访问和数据操作。ADO.NET 包括：数据提供者在非连接环境中操作数据，数据集以表格的形式在程序中放置数据。ADO.NET 对象可分为数据提供者(Data Provider)、数据集(DataSet)，如图 7.1 所示。

数据提供者包含了以下对象：①Connection 对象提供与数据源的连接；②Command 对

象提供对数据库命令的访问，这些命令可用于返回数据、修改数据、运行存储过程、发送或检索参数信息；③DataReader 对象提供高性能的数据流，从数据源中读取只能向前和只读的数据流；④DataAdapter 对象提供连接 DataSet 对象和数据源的桥梁，可执行对数据源的各种操作。

数据提供者还包含：与 Command 伴生的参数对象，以及与 DataAdapter 伴生的 SelectCommand、InsertCommand、UpdateCommand、DeleteCommand 对象。

数据集 DataSet 对象相当于一个本地数据库，所以 DataSet 包含 DataTable 和 DataRelation 对象；而数据表又包含行和列以及约束等结构，所以 DataTable 对象包含：DataRow、DataColumn、Constraint 对象。

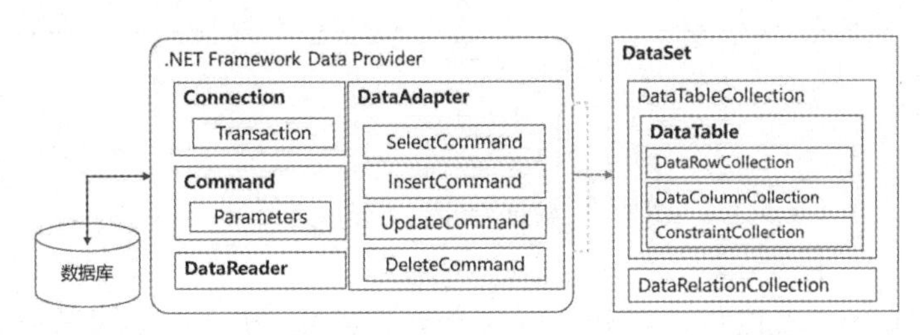

图 7.1　数据对象模型

2. 数据提供者

数据提供者负责建立连接、发布命令、传输数据等功能，数据提供者专用于每一种类型的数据源，完成在数据源中实际的读取和写入工作，常用的数据提供者见表 7-3。

可使用 SQL Server . NET Data Provider 访问 SQL Server 7. 0 及更高版本数据库。使用 OLE DB . NET Data Provider 可以访问 SQL Server 6. 5 或更早版本的数据库。

表 7-3　**数据提供者**

提供者	命名空间	有关的类
SQL Server	System. Data. SqlClient	SqlConnection，SqlCommand， SqlDataReader，SqlDataAdapter
ORACLE OLE DB	System. Data. OracleClient System. Data. OleDb	OleDbConnection，OleDbCommand， OleDbDataReader，OleDbDataAdapter
ODBC	System. Data. Odbc	OdbcConnection，OdbcCommand，OdbcDataReader，OdbcDataAdapter

3. 数据库操作过程

图 7. 2 是数据库操作流程示意图，主要包括：①数据库连接；②数据库操作；③关闭数据库。

数据连接模式有连接式和非连接式。

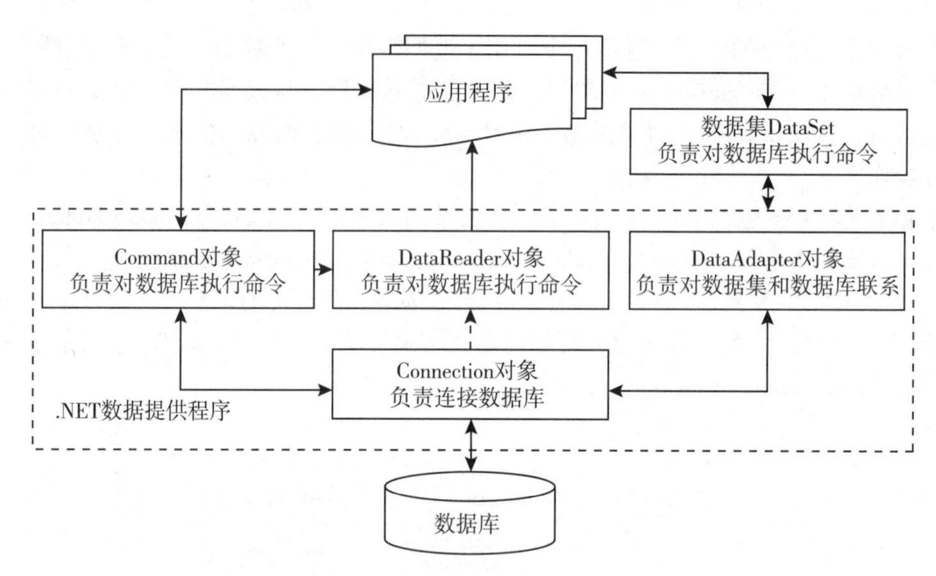

图 7.2　数据库操作流程示意图

连接式是在与数据源保持连接状态下进行数据操作,其优点是容易控制、数据刷新及时。缺点是连接会造成资源的浪费、网络的不稳定因素会使连接发生丢失、扩展性不强。

非连接式先用数据集,后更新提交到数据源。优点是随时处理、共享连接资源。缺点是不能保证数据最新,更新可能会发生冲突。步骤为:①将数据从数据源读入到 DataSet;②断开连接,用 DataSet 操作数据;③把操作结果返回到数据源。

4. 连接对象

连接对象表示与数据源之间的连接。Open( )表示打开一个连接,Close( )表示断开连接,CreateCommand( )表示创建命令对象。

可根据 Connection 对象的不同属性指定数据源的类型和位置, 其中 ConnectionString 属性是连接字符串,必须用一个合法的连接字符串方可创建连接。

5. 命令对象

Command 对象执行命令并从数据源中返回结果,主要属性和方法见表 7-4。

表 7-4　**命令对象**

类别	名称	说　明
属性	CommandText	对数据库执行的 SQL 语句
	Connection	Connection 对象的名称
方法	ExecuteNonQuery	执行 SQL 语句并返回受影响的行数
	ExecuteReader	执行查询语句,返回 DataReader 对象
	ExecuteScalar	执行查询,返回结果集中第一行第一列

6. 用 DataSet 读取数据

DataSet 是 ADO. NET 的核心对象，包含 DataTable 对象，表示所操作的数据库表。DataTable 对象都包含 DataRow 和 DataColumn 对象，表示数据库表中的行和列。

用数据填充 DataSet 的方法：用 DataAdapter 对象把 DataSet 和具体数据库联系起来，用 Fill( )方法填充数据。

访问 DataSet 中的表、行和列有两种方法：

(1)按表名访问：theDataSet. Tables["表名"]

(2)按索引访问：thisDataSet. Tables[0]。

7. 更新数据库

用 DataReader 读取数据的模式如下：①添加连接数据库；②通过 DataReader 读取数据；③关闭释放各对象的语句。

更新、插入和删除可用相同模式完成：①用数据库中要使用的数据填充 DataSet；②修改 DataSet 中的数据(更新、插入或删除记录)；③完成操作后，将修改的内容返回到数据库中。

8. 非连接式和数据适配器

非连接式并不直接对数据源进行操作，具体操作步骤如下：

(1)创建连接对象，用连接对象创建命令对象；

(2)创建数据适配器，并与命令对象关联；

(3)创建数据集对象，用数据适配器的数据填充数据集对象；

(4)对数据集进行"修改"、"删除"、"添加记录"等操作；

(5)创建 CommandBuilder 对象，为适配器自动创建更新命令；

(6)执行适配器 Update 方法，用数据集中的数据更新数据源。

【例 1】用非连接模式，对 StudentDB 完成"修改"、"删除"、"添加记录"操作。

详细过程参考"EX7-3 SQL Server 数据库操作 . mp4"，主要源码如下：

```
1  string strcon = @"server=localhost;database=StudentDB;uid=sa;pwd=123";
2  //创建连接对象
3  SqlConnection myConnection = new SqlConnection(strcon);
4  string SQLString = "select * from Student";
5  //用连接对象创建命令对象,命令与 select 语句关联
6  SqlCommand myCommand = myConnection.CreateCommand();
7  myCommand.CommandText = SQLString;
8  //创建数据适配器,并与命令对象关联
9  SqlDataAdapter myDataAdapter = new SqlDataAdapter();
```

10	myDataAdapter. SelectCommand = myCommand;
11	//新建一个 DataSet 对象
12	DataSet myDataSet = new DataSet( );
13	//填充 myDataSet, Fill 方法执行了 3 个操作:1 打开连接,2 填充,3 断开
14	myDataAdapter. Fill(myDataSet);
15	//对本地数据集 myDataSet,修改、删除、添加记录
16	myDataSet. Tables[0]. Rows[0]["Name"] = "杨修"; // 修改第 0 条记录
17	myDataSet. Tables[0]. Rows[1]. Delete( ); //删除第 1 条记录
18	//把 ID 字段设为主键
19	myDataSet. Tables[0]. PrimaryKey = new DataColumn[ ]
20	{ myDataSet. Tables[0]. Columns["ID"] };
21	myDataSet. Tables[0]. Columns["ID"]. AutoIncrement = true;
22	//新添记录
23	DataRow row = myDataSet. Tables[0]. NewRow( );
24	row["Name"] = "赵新"; row["Sex"] = "男";
25	myDataSet. Tables[0]. Rows. Add(row);
26	//创建 SqlCommandBuilder 对象,它为 myDataAdapter 自动创建更新命令
27	new SqlCommandBuilder(myDataAdapter); //Update( )无法执行
28	//更新数据库
29	myDataAdapter. Update(myDataSet. Tables[0]);

三、操作 Access 数据库

要求创建 Access 数据库，并实现在表中添加数据的功能。

创建测试程序具体操作步骤如下：

(1)创建连接对象，连接字符串为：@"Provider = Microsoft. Jet. OLEDB. 4. 0； Data Source=c：\ StudentDB. mdb"；

(2)编写 SQL 语句内容(Insert，Update，Delete，Select)；

(3)打开连接；

(4)执行数据库操作；

(5)断开连接。

数据库操作用户界面设计如图 7. 3 所示。

【例 2】操作 Access 数据库。

详细过程参考“EX7-2 Access 数据库操作 . mp4”，主要源码如下：

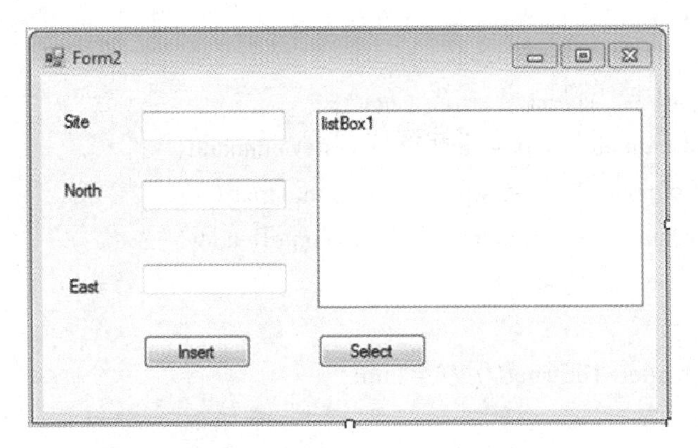

图 7.3　数据库操作用户界面

```
1   using System. Data. OleDb;
2   public class AccessDb
3   {
4       private OleDbConnection myCon;
5       //创建数据库连接
6       public AccessDb( )
7       {
8           string con  =  @ "Provider=Microsoft. Jet. OLEDB. 4. 0;
9               Data Source=E:\Demo. mdb" ;
10          myCon=new OleDbConnection(strcon) ;
11      }
12     //数据插入
13     public void Insert(string site, double north, double east)
14     {
15         var sql ="insert into Coor(Site, North, East) " ;
16         sql += string. Format("
17         values('{0}',{1},{2})" ,site, north, east) ;
18         OleDbCommand cmd  =  myCon. CreateCommand( ) ;
19         cmd. CommandText  =  sql;
20         myCon. Open( ) ;
21         cmd. ExecuteNonQuery( ) ;
22         myConClose( ) ;
23     }
24       //数据查询
25     public List<string> Select( )
```

```
26      {
27          var res = new List<string>( );
28          string sql = "select * from Coor";
29          OleDbCommand cmd = myCon. CreateCommand( );
30          cmd. CommandText = sql;      myCon. Open( );
31          OleDbDataReader reader = cmd. ExecuteReader( );
32          while (reader. Read( ))
33          {
34            if (reader. ToString( ) ! = null)
35              {
36                string line = string. Format(" {0} : {1} {2} ",
37                    reader    [ "Site" ],reader[ "North" ],
38                reader[ "East" ]); res. Add(line);
39              }
40          }
41        reader. Close( ); myCon. Close( );   return res;
42      }
43      private void buttonInsert_Click(object sender,EventArgs e)
44      {
45              string site = textBox1. Text;
46              double north = double. Parse(textBox2. Text);
47              double east = double. Parse(textBox3. Text);
48              var db = new AccessDb( );
49              db. Insert(site,north,east);
50      }
51        private void button2_Click(object sender, EventArgs e)
52        {
53              listBox1. Items. Clear( );
54              var db = new AccessDb( );
55              var res = db. Select( );
56              for (int i = 0; i < res. Count; i++)
57              {
58                  listBox1. Items. Add(res[i]);
59              }
60        }
61    }
```

四、案例实训

【例 3】 犯罪数据主要内容的格式如表 7-5 所示，将犯罪数据录入到 Access 数据库中，使用数据源控件和数据库控件进行数据的录入与查询。

表 7-5　　**犯罪数据格式**

incident_id	incident_datetime	incident_type	latitude	longitude
833982757	08/30/2017	11:53:07WELFARE CHECK	37. 35733125	-122. 1130241
833982871	08/30/2017	06:16:01MISSING PERSON	37. 31087761	-121. 9336832
833982930	08/30/2017	03:45:47STOLEN VEHICLE	37. 42612616	-122. 1755083
833982946	08/30/2017	03:12:18ALARM, AUDIBLE	37. 31582353	-122. 0729224
833982978	08/30/2017	02:10:24VEHICLE STOP	37. 38812726	-122. 1552056

1. Access 数据库设计

Microsoft Office Access 是由微软发布的关系数据库管理系统。从开始菜单找到 Access，单击打开，选择创建“空白桌面数据库”，如图 7.4 中①所示，然后单击②处，打开文件夹按钮。

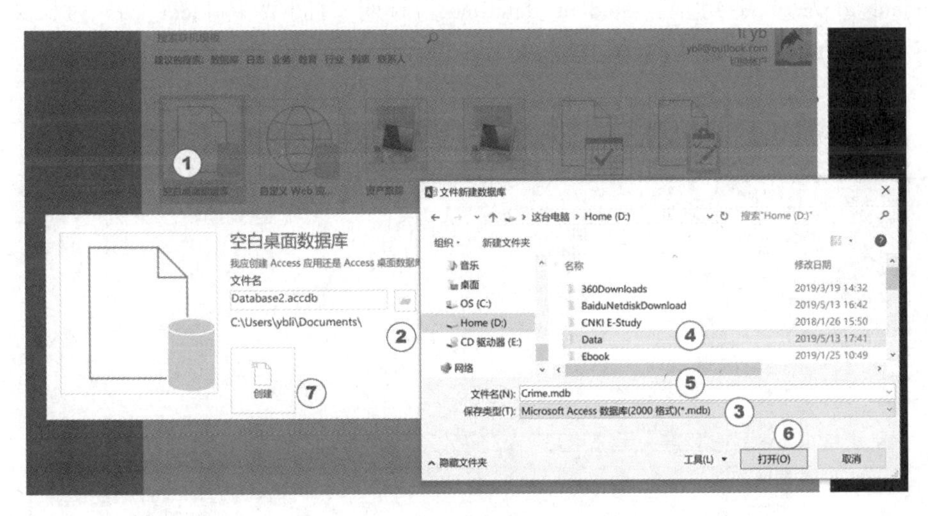

图 7.4　创建 mdb 格式的数据库

在弹出的“文件新建数据库”对话框中，选择“Microsoft Access 数据库(2000 格式)(* . mdb)”，如③所示，选择合适的存储位置，如④所示的“D:　\ Data”目录，给定数据库名称(如⑤所示的“Crime. mdb”)，单击“打开(O)”按钮。

然后单击如⑦所示的“创建”按钮，完成空白数据库的创建。

如图 7.5 所示，鼠标在如①处位置右击，在弹出的属性对话框中，选择“设计视图(D)”，在“另存为”对话框中，将表名称更改为“Crime”，单击“确定”按钮，如③、④所示。

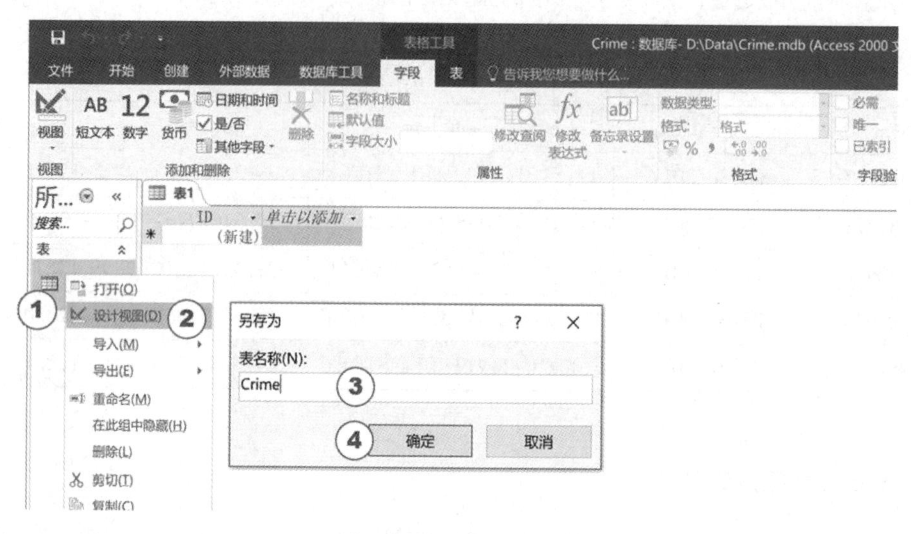

图 7.5　数据表重命名

在如图 7.6 所示的设计视图中,进行字段名称和数据类型设计,如①至⑥所示。相关类型:incident_id 为(数字)整型、incident_datetime 为日期/时间型、incident_type 为长文本型、latitude 和 longitude 为(数字)双精度型。

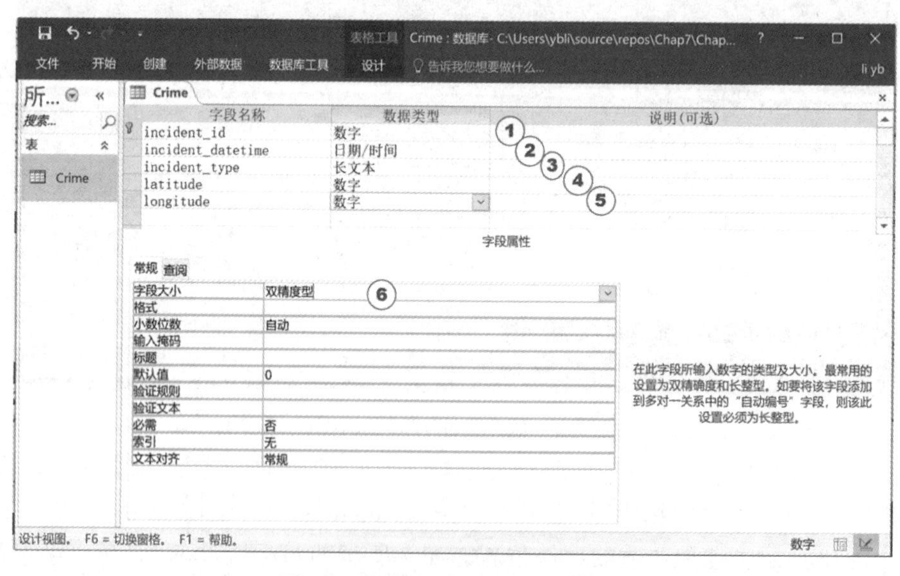

图 7.6　字段名称和数据类型设计

数据表设计完成后，可以输入一些测试数据，如图 7.7 所示。

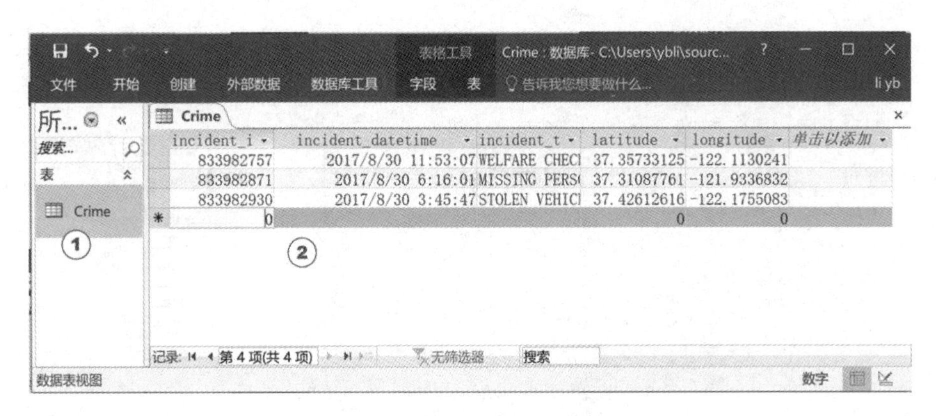

图 7.7　输入部分测试数据

2. 使用数据源控件

通过菜单“文件(F)”→“新建(N)”→“项目(P)”，打开“创建新项目”对话框，选择“Windows 窗体应用(.NET Framework)”项目类型，单击“下一步”按钮。在新项目配置中，项目名称设置为 Chap7，产生项目模板，如图 7.8 所示。

双击“Form1.cs”，打开设计窗口，在“工具箱”对话框中，找到“数据”选项卡下的“BindingSource”控件，如③④所示，将“BindingSource”控件拖动到如②所示的窗体上，将生成如⑤所示的 bindingSource1 对象。

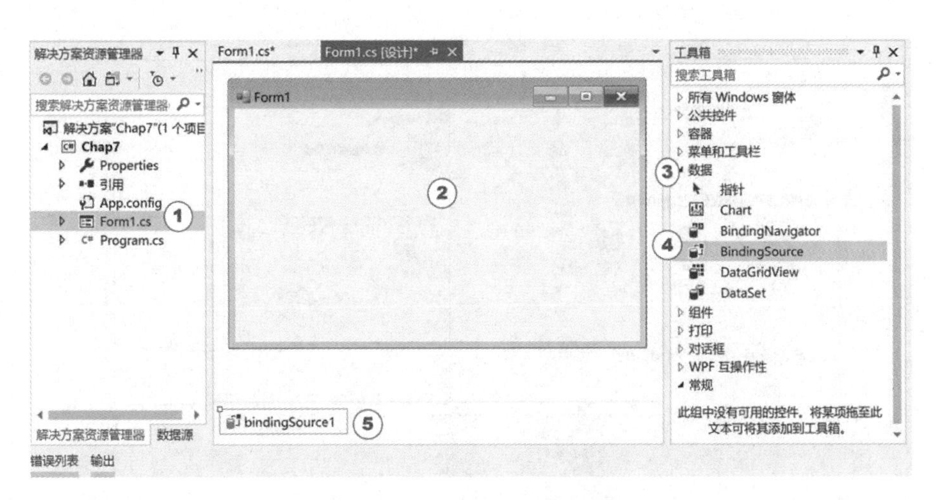

图 7.8　插入数据源控件

如图 7.9 所示，鼠标右击如①处所示 bindingSource1 对象，在弹出的对话框中选择“属性”，在如②所示的属性对话框中进行属性设置。

选择如③所示的"DataSource"，在弹出的对话框中双击如④所示的"添加项目数据源..."。

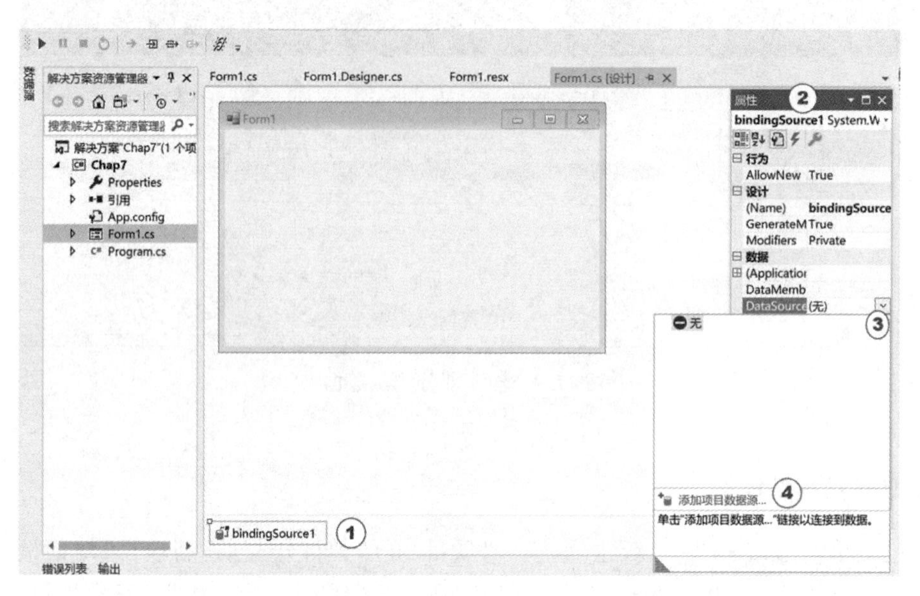

图 7.9　添加项目数据源

在如图 7.10 所示的"数据源配置向导"对话框中，选择如①所示的"数据库"，单击"下一步(N)"按钮，然后在对话框中，选择如③所示的"数据库"，再单击"下一步(N)"按钮。

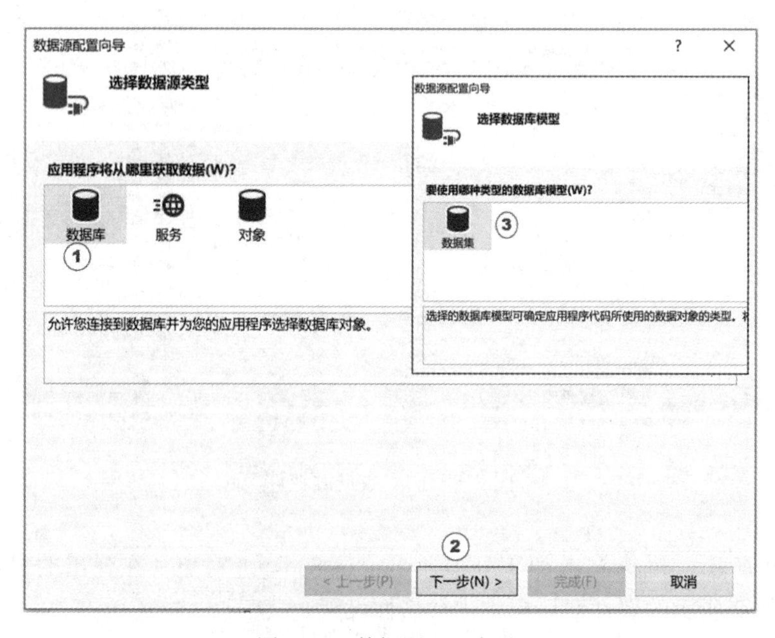

图 7.10　数据源配置向导

在如图 7. 11 所示的对话框中，双击如①所示“新建连接(C)...”，在弹出的“选择数据源”对话框中，选择如②所示的“Microsoft Access 数据库文件”，单击“继续”按钮。

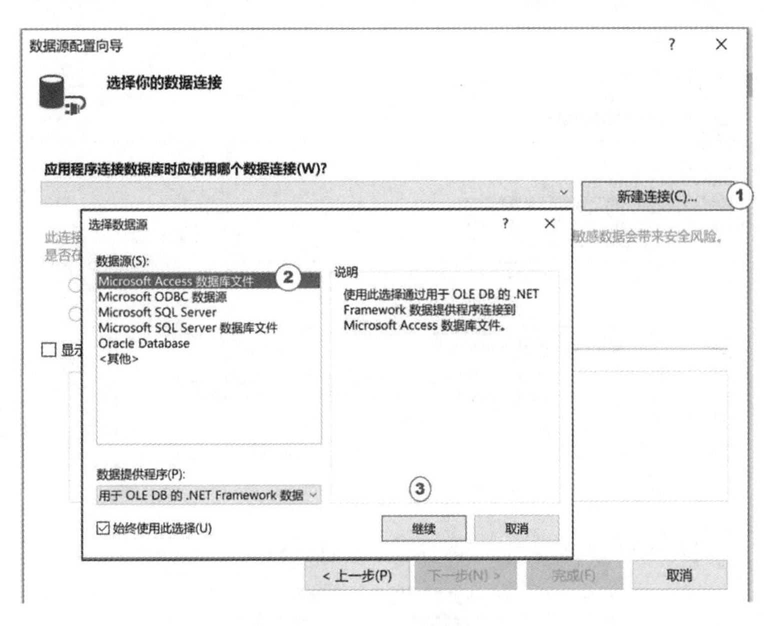

图 7. 11　选择数据源

在如图 7. 12 所示的“添加连接”对话框中，单击如①所示的“浏览(B)...”按钮，在弹出的对话框中，找到所创建的 mdb 数据库，确定后会显示在如②所示的文本框中。

单击如③“测试连接(T)”按钮，如果数据库正常，则会显示如④的“测试连接成功”对话框。

图 7. 12　测试连接

单击如⑤所示的“确定”按钮，返回到“数据源配置向导”对话框。

在如图 7.13 所示的“数据源配置向导”对话框中，单击“下一步(N)”，弹出一个提示对话框，提示是否将数据文件复制到项目中，选择“是(Y)”，然后再单击“下一步(N)”按钮。

图 7.13　选择数据连接

在如图 7.14 所示的“数据源配置向导”对话框中，选择如①所示的表和数据列，单击②“完成(F)”，从而完成数据源的配置。

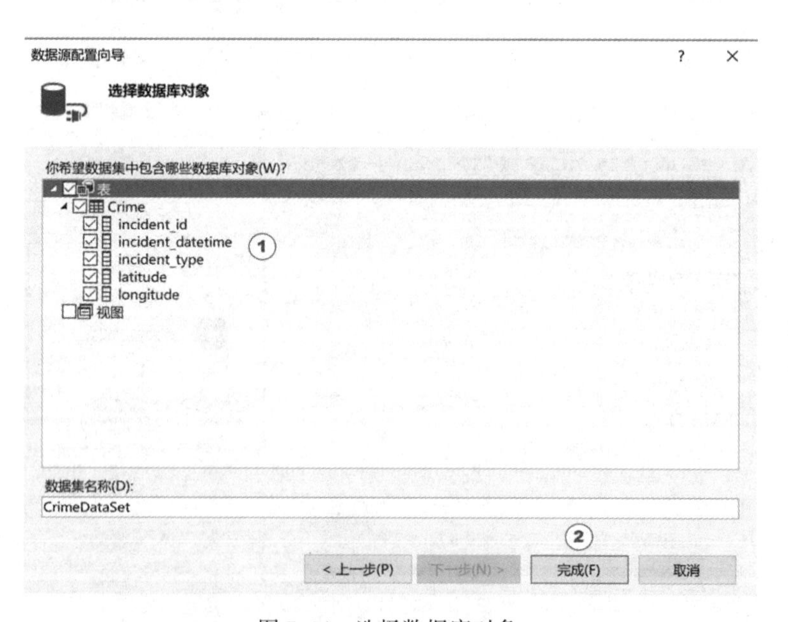

图 7.14　选择数据库对象

3. 将数据源控件绑定到数据显示控件上

数据源配置完成后，利用数据控件，可以实现对数据库的操作。

如图 7.15 所示，从工具箱中拖动“DataGridView”控件到 Form1 窗体上，如①和②所示，在窗体上将会产生一个 DataGridView1 对象，右击该对象右上角的小三角形，在弹出的对话框中进行属性的快速配置，如选择③中“在父容器中停靠”，将该控件填充在窗体中。

选择如④的“选择数据源”，在弹出的窗体中选择“bindingSource1”的“Crime”表，将相应的数据绑定到 DataGridView1 上。

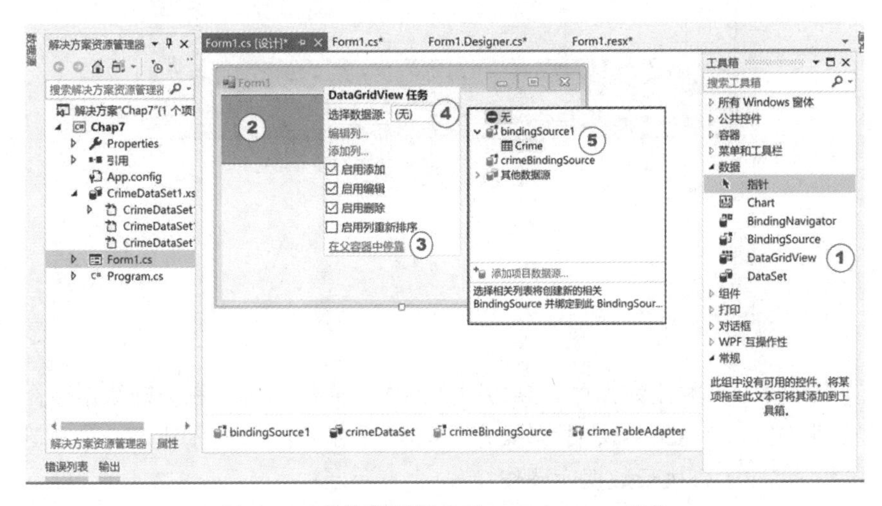

图 7.15　将数据源绑定到 DataGridView 对象

也可以通过“属性”对话框，对 DataGridView1 对象进行定制设计。如图 7.16 所示，

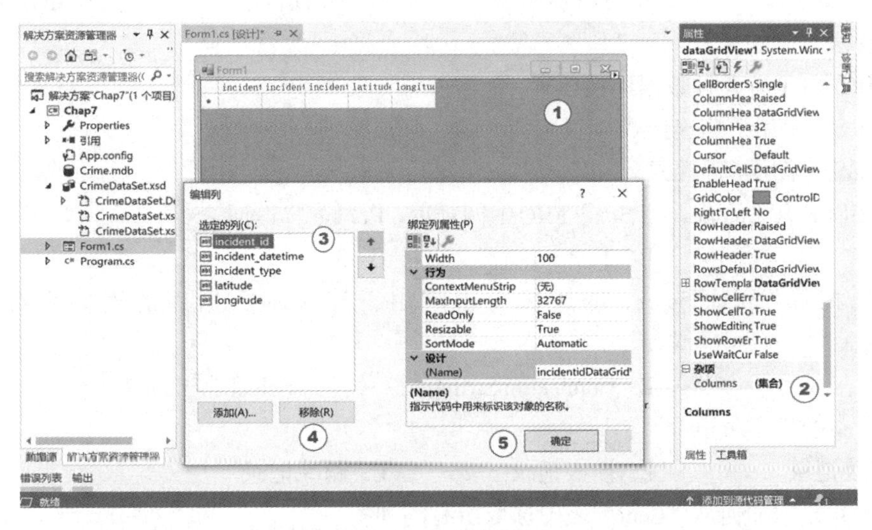

图 7.16　编辑列

鼠标右键单击 DataGridView1 对象，在“属性”对话框中，选择②“Columns”属性，在弹出的“编辑列”对话框中对数据列进行编辑，如将③所示第 1 列移除。

运行测试如图 7.17 所示。

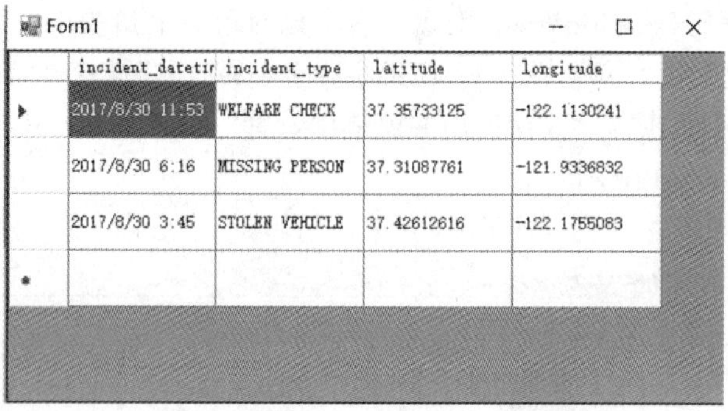

Form1

	incident_datetir	incident_type	latitude	longitude
▶	2017/8/30 11:53	WELFARE CHECK	37.35733125	-122.1130241
	2017/8/30 6:16	MISSING PERSON	37.31087761	-121.9336832
	2017/8/30 3:45	STOLEN VEHICLE	37.42612616	-122.1755083
*				

图 7.17　运行测试

五、综合练习

1. 看视频文件“EX7-1 利用数据库工具访问数据库 . mp4”，练习相关的数据操作。
2. 看视频文件“EX7-2 Access 数据库操作 . mp4”，练习：(1)利用 Access 创建数据表；(2)连接数据库；(3)执行数据库操作。
3. 看视频文件“EX7-3 SQL Server 数据库操作 . mp4”，练习：(1)创建 SQL Server 数据表；(2)连接数据库；(3)执行数据库操作。
4. 哪个 SQL 语句用于修改数据库中记录的数据？__________。

   A. CHANGE　　B. SELECT　　C. UPDATE　　D. MODIFY
5. 下面说法正确的是__________。

   A. ADO. NET 有 3 种数据连接模式

   B. DataSet 采用了非连接式

   C. DataSet 采用了连接式
6. 语句“SELECT [name], [Sex] FROM [Table_ Person]”返回__________列。

   A. 1　　B. 2　　C. 3　　D. 4
7. 数据源控件 SqlDataSource 的属性中指定用于连接到数据库的连接字符串属性为__________。

   A. ID　　B. ConnectionString　　C. SelectCommand
8. GridView 控件不可以__________。

   A. 修改记录　　B. 插入记录　　C. 删除记录
9. 通过 SQL，您如何从 "Coor" 表中选取所有的列？__________。

   A. SELECT [all] FROM Coor

B. SELECT Coor

C. SELECT * FROM Coor

D. SELECT *. Coor

10. 哪个 SQL 关键词用于对结果集进行排序？__________。

A. ORDER　　B. SORT BY　　C. SORT　　D. ORDER BY

11. 通过 SQL，该如何向 "Coor" 表插入新的记录？__________。

A. INSERT INTO [Coor] ([Point]) VALUES ('Wuhn')

B. INSERT ('Wuhn') INTO [Coor] ([Point])

C. INSERT INTO [Coor] ('Wuhn') INTO ([Point])

12. 通过 SQL，应如何从 "Persons" 表中选取 "FirstName" 列的值以 "a" 开头的所有记录？__________。

A. SELECT * FROM Persons WHERE FirstName LIKE 'a%'

B. SELECT * FROM Persons WHERE FirstName='a'

C. SELECT * FROM Persons WHERE FirstName LIKE '%a'

D. SELECT * FROM Persons WHERE FirstName='%a%'

13. 窗体编程和数据库编程。

(1)在窗体 Form1 中，已有一列表控件对象 listBox1。编程实现对 listBox1 对象添加字符串 STNOi，其中 i 为 1 到 100 的数字；

(2)把 listBox1 中的内容写到 access 的 studentDB 库的 student 表中，student 表只有一个 Name 字段。

提示：SQL 插入语句为：insert into 表名(字段名) values('值')

第 8 章　网络编程基础

一、HTML 基础

1. HTML 基本结构

HTML 是超文本标记语言的缩写。超文本指的是可加入图片、声音、动画、影视等内容。文件在网络传输时遵循超文本传输协议(http)，该协议规定了浏览器在运行 HTML 文档时所遵循的规则和进行的操作。HTML 的作用：控制页面和内容的外观、创建联机表单、插入音频、视频等内容。

HTML5 于 2014 年成为 HTML、XHTML 的新标准。以下为 HTML5 建立的一些规则：①新特性应该基于 HTML、CSS、DOM 以及 JavaScript；②减少对外部插件的需求(比如 Flash)；③更多取代脚本的标记；④HTML5 应该独立于设备。

HTML 的基本结构：①一个 HTML 文档由一系列的元素和标签组成，元素名不区分大小写；②html 网页的标签讲究配对，<html>开始，</html>结束；③html 网页和人一样，由头部<head>和主体<body>两部分组成。在文档头部，对文档进行了一些必要的定义，文档体中才是要显示的各种文档信息。

HTML 的基本结构如图 8.1 所示，页面显示效果如图 8.2 所示。

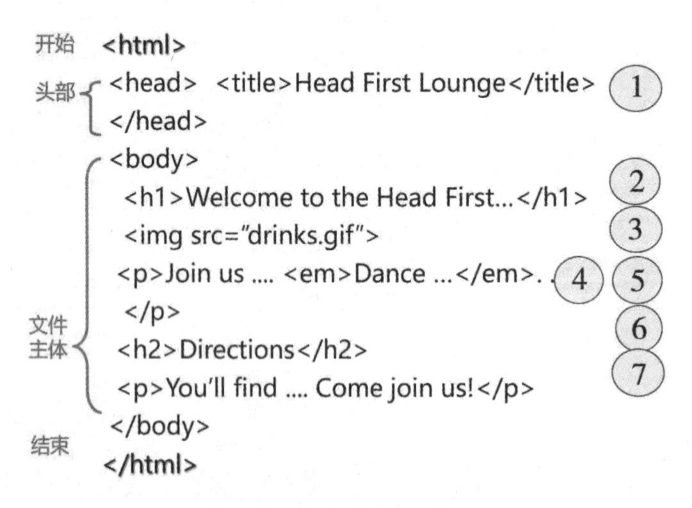

图 8.1　HTML 结构示例源码

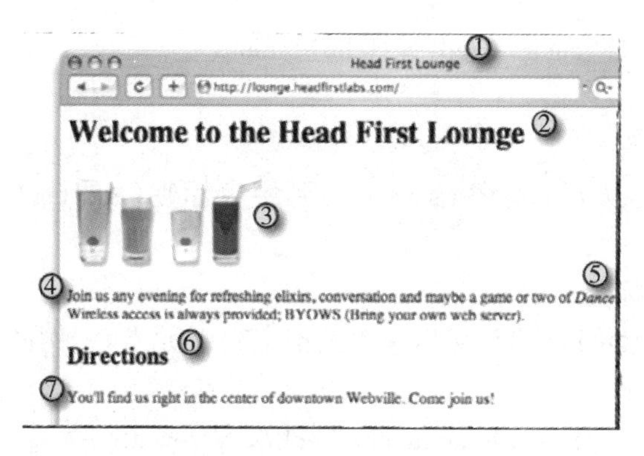

图 8.2　HTML 结构示例页面显示

2. HTML 元素

1)标签与属性

HTML 用标签规定元素的属性和它在文档中的位置。标签一般由两部分组成：标签和属性。标签由尖括号包围的关键词，通常成对出现，第一个是开始标签，第二个是结束标签。HTML 标签对大小写不敏感：<P> 等同于 <p>。基本格式为：

<标签名字 属性 1　属性 2…> 内容 </标签名字>

例如：

<body　bgcolor=“green”>

….

</body>

此例中，body 是标签，bgcolor=“green”是属性，属性可选，还可以多个。

标签是语义信息，标签中的是数据或文字。例如，h1 元素是一级标题的标签如下：

<h1>我的第一个标题</h1>

其中，<h1> 描述了标题，定义了字体大小：产生粗体和大号的文本。开始和结束标签中的是文本或数据，如“我的第一个标题。”各标签的功能描述如下：

(1)<html> 与 </html> 之间的文本描述网页。

(2)<body> 与 </body> 之间的文本是可见的页面内容。

(3)<h1> 与 </h1> 之间的文本被显示为标题。

(4)<p> 与 </p> 之间的文本被显示为段落。

2)标记

标记是语义信息，标签中的是数据或文字。标记是网页中的一些有特定意义的符号，这些符号指明文档中的内容是什么，如何显示。例如：

<p> Hello </p>

其中，p 是标记名，<p>是标记，Hello 是数据或文字。

标记可以具有相应的属性(即各种参数)，如：size、color、text、width 等。例如，

```
<p>
    <font size="12" color="red"> Hello </font>
</p>
```

3)开始和结束标签

HTML 元素指的是从开始标签(start tag)到结束标签(end tag)的所有代码，例如 h1 元素：

```
<h1>我的第一个标题</h1>
```

大多数 HTML 元素可以嵌套(可以包含其他 HTML 元素)。例如：

```
<h1>
  <a href="http://www.whu.edu.cn/">武汉大学</a>
</h1>
```

其中，href 是 a 元素标签的属性。属性为 HTML 元素提供附加信息。HTML 标签可以拥有属性。属性总是以名称/值对的形式出现，比如：name="value"。属性总是在 HTML 元素的开始标签中规定。属性和属性值对大小写不敏感。

属性实例：

<body bgcolor="yellow">　背景颜色的附加信息

3. 常用标签

(1)文档标记：<html>...</html>，全部文档内容的容器，其他标记代码都位于这两个标记之间。

(2)首部标记：<head>...</head>，提供与 web 页有关的各种 metadata 信息。在首部标记中，用<title>指定网页的标题，<style>定义 css 样式表，<script>标记插入脚本。

html 文档是一种树形结构，<body>内又包括若干分支，如用 p、div 表示块元素。

<title> 标签定义文档的标题。

<meta> 元素可提供有关页面的元信息，比如针对搜索引擎的描述和关键词。

<link> 链接一个外部样式表 css。

<style> 定义一个内部样式表或链接一个外部样式表。

<script> 标签用于定义客户端脚本，比如 JavaScript。

(3)正文标记：<body>...</body>，包含了文档的内容，文字、图像、超链接以及其他 html 均位于该标记中。

标题：h1 到 h6 标签用于指定不同级别的标题；

段落：<p>…</p> 标签用于标记段落；

换行：只要在文本中放入
 标签，就会强制换行；

预先格式化：<pre> 标签；

字符格式化：对文本应用粗体、斜体等格式；

水平线：<HR> 标签。

【例 1】文档编辑标签。

```
1   <pre>
2           山羊上山,山碰山羊角
3           水牛下水,水没水牛腰
4   </pre>
5   <hr/>
6   <p> <b> 大鱼吃小鱼,小鱼吃虾</b>
7           <i>虾吃水,水落石出</i> <br/>
8           <u> 溪<sub>水</sub>归河水,河水归江,江归海,海阔<sup>天</sup>空
9           </u>
10  </p>
```

<font> 标签及其相关属性(如 size、color 和 face)可用于控制网页上文本的显示。

【例 2】字体标签。

```
1   <font size="4" color="red" face="微软雅黑">
2       水水山山,处处明明秀秀; <br />
3       晴晴雨雨,时时好好奇奇<br />
4   </font>
5   <font size="3" color="blue" face="宋体">
6           重重叠叠山,曲曲环环路;<br />
7           叮叮咚咚泉,高高下下树
8   </font>
```

插入图像的标签：<img>。主要属性包括：①src，指定要插入的图像位置；②align，指定图像相对于文本的对齐方式；③图像大小(width，height)。

例如：

<img align="right" src="images/01. jpg" width="400" height="200">

列表标签如下：

<ol>：有序列表(列表项以自动生成的顺序显示)。

<ul>：无序列表(也称为“项目列表”)。

超级链接标签如下：

超级链接：<a href="www…"> 网址</a>。

书签标签：“跳”到文档的某个部分。

创建定位标记：<a name ="marker">主题名称</a>。

使用定位标记：<a href="#marker">主题名称</a>。

E-Mail 链接：<a href="mailto：ybli@ qq. com">。

4. 表格

表格组成部分：行、列、单元格、列标题(可选)、表格标题(可选)，在 HTML 文档

中，广泛使用表格存放文本和图像。主要标签包括：<table>，<tr>，<td>，<th>。

【例 3】创建表格。

```
1   <table border="2" >
2           <caption>网站分类</caption>
3       <tr>
4           <th>购物</th><th>测绘</th>
5       </tr>
6           <tr>
7           <td>京东</td><td >武汉大学</td>
8       </tr>
9        <tr>
10          <td>淘宝</td><td>自然资源部</td>
11     </tr>
12  </table>
```

5. 表单

表单<form>用于采集和提交用户输入的信息。控件的格式如下：

<input type="?" name="?" size="?" value="?" maxlength="?" checked="?">

表单属性要素详见表 8-1。

表 8-1　　**表单属性要素**

type	元素类型:text、password、checkbox、radio、submit、reset、file、hidden 和 button
name	控件名称,作用域是在 form 元素内
value	指定控件的初始值
size	指定控件的初始宽度
maxlength	在 text 或 password 元素中输入最大字符数
checked	当输入类型为 radio 或 checkbox 时,使用此属性

二、层叠样式表(CSS)

1. CSS 的基本概念

层叠样式表(Cascading Style Sheets，CSS)是控制网页样式的标记语言或表现语言。通常存储在 CSS 文件中，以弥补 HTML 显示不足的缺点。

内容 HTML 与表现 CSS 分离，样式定义如何显示 HTML 元素。

CSS 规则由两个主要部分构成：选择器，以及一条或多条声明。语法格式为：

选择符 {属性 1：值；属性 2：值；……}

2. 样式表的引用

样式表的引用方式有：①浏览器缺省设置；②外部样式表(在 css 文件中)；③内部样式表(在 head 标签内部)；④内联样式(在 HTML 元素内部)。

所有的样式会根据上面的规则层叠于一个新的虚拟样式表中。优先级从①到④，其中数字④拥有最高的优先权。

1)外部样式表

当多个文档需要相同样式时，就应该使用外部样式表。例如：

```
<head>
    <link rel="stylesheet" type="text/css" href="mystyle.css" />
</head>
```

浏览器会从文件 mystyle.css 中读取样式声明，并根据它格式化文档。外部样式表可以在任何文本编辑器中进行编辑。文件不能包含任何的 html 标签。样式表文件以 .css 扩展名保存。

例如：一个样式表文件。

```
hr {color: sienna;}
p {margin-left: 20px;}
body {background-image: url("images/back40.gif");}
```

2)内部样式表(位于 head 标签内部)

当单个文档需要特殊的样式时，可以使用内部样式表。

【**例 4**】内部样式。

```
1 <html>
2   <head>
3     <style type="text/css">
4       hr {color: sienna;}
5       p {margin-left: 20px;}
6       body {background-image: url("images/back40.gif");}
7     </style>
8   </head>
9 </html>
```

3)内联样式(在 HTML 元素内部)

拥有最高优先权，它将表现为和内容混杂在一起，会损失掉样式表的许多优势，请慎用这种方法，例如当样式仅需要在一个元素上应用一次时可使用此方法。要使用内联样式，就需要在相关的标签内使用 style 属性。下面例子将展示如何改变段落的颜色和左外边距。

例如：

```
<p style="color: sienna; margin-left: 20px">
    This is a paragraph
</p>
```

3. 常用的选择器

常用的选择器包括：id 选择器、class 类选择器、标签或元素选择器、后代(包含、上下文、派生)选择器、子元素选择器、选择器的分组(群组选择符)、伪类选择器。

1)id 选择器

id 选择器可为标有特定 id 的元素指定特定的样式，以“#”定义，如图 8.3 所示。

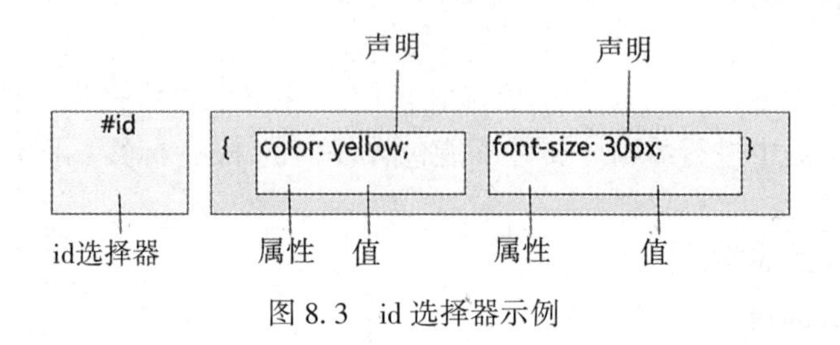

图 8.3　id 选择器示例

【例 5】 id 选择器。

```
1  <head>
2     <style type="text/css">
3                 #id1 { font-weight: bold;}
4       </style>
5  </head>
6  <body>
7        <p id="id1">好好学习,天天向上</p>
8  </body>
```

2)class 类选择器

类选择器以一个点号显示，在一个 class 中引用多个样式的方法，如图 8.4 所示。

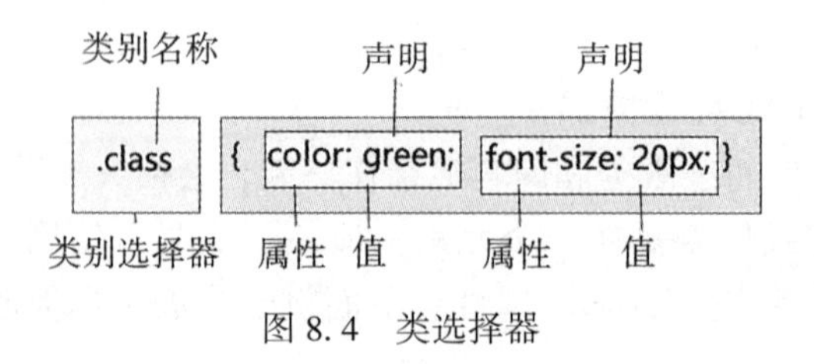

图 8.4　类选择器

定义格式：样式符．类名{属性 1：值 1；…}

【例 6】 class 类选择器。

```
1  <head>
2     <style type="text/css">
3        .c1{ color: red; font-size:18px}
4  </style>
5  </head>
6  <body>
7     <p class="c1">Class one</p>
8  </body>
```

3)标签或元素选择器

设置 HTML 的样式，选择器通常是某个 HTML 元素，比如 p、h1、a，甚至可以是 html 本身，如图 8.5 所示。定义格式：样式符{属性 1：值 1；…}

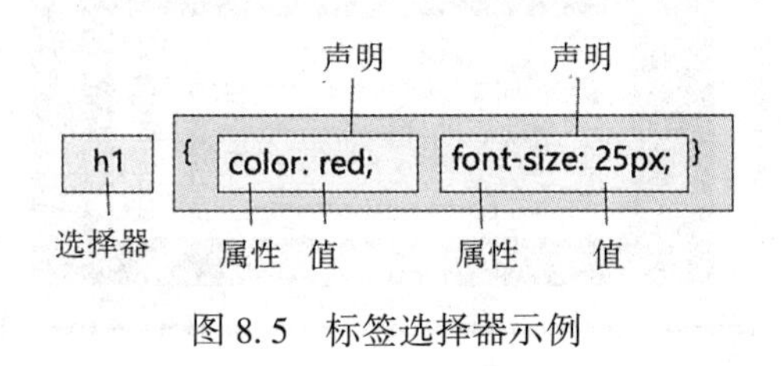

图 8.5　标签选择器示例

【例 7】 标签或元素选择器。

```
1  <head>
2  <style type="text/css">
3     p { color: red; font-size:small}
4  </style>
5  </head>
6  <body>
7     <p>好好学习,天天向上</p>
8  </body>
```

三、页面布局

1. 盒子模型

所有的 HTML 元素可以看作盒子，例如 div、span、a 都是盒子。在 CSS 中，" box

model"这一术语是在设计和布局时使用的。盒子具有宽度(width)和高度(height)，盒子里面的内容到盒子的边框之间的距离即填充(padding)，盒子本身有边框(border)，而盒子边框外与其他盒子之间，还有边界(margin)，如图 8.6 所示。

div 或 p 元素常常被称为“块级元素”，有高度的硬盒子。这意味着这些元素显示为一块内容，即“块框”。与之相反，span 和 a 等元素称为“行内元素”或“内联元素”，内容显示在行中，即“行内框”，无高度的软盒子。

每个块级元素独占一行，按列排列。行内元素按行排列，内容超过父元素的宽度，则换行。常见的块级元素包括：div、p、h1…h6、ol、ul、table、form、blockquote、hr。常见的内联元素包括：span、a、img、input、select、br。

页面设计人员把 DIV+CSS 作为网页布局的行业标准。它是目前应用得最广泛的网页布局方法。它将网页的内容(div)与表现(css)分离，使代码更简洁，有利于用户体验。div 定义页面的结构，它把页面划分成若干份。它本身也是容器，可以容纳各种代码内容。css 是网页的外衣，页面布局是否合理美观取决于 div+css 样式。

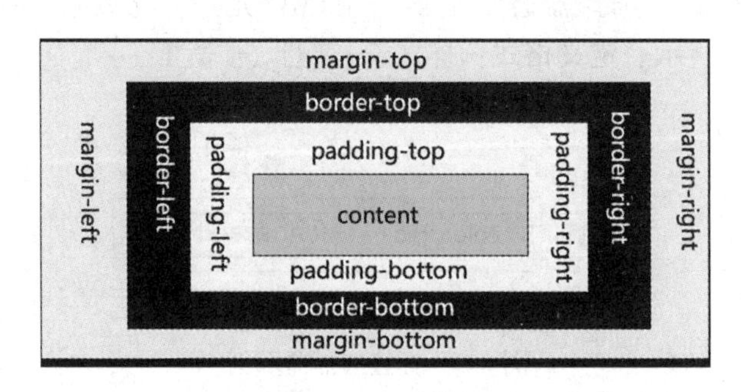

图 8.6　盒子模型

例如：盒子模型，假设框的每边有 10 个像素的外边距和 5 个像素的内边距。如果希望这个元素框达到 100 个像素，就需要将内容的宽度设置为 70 像素，实现代码如下：

```
#box {
        width: 70px;
        margin: 10px;
        padding: 5px;
    }
```

实现效果如图 8.7 所示。

2. CSS 定位

CSS 为定位和浮动提供了一些属性，利用这些属性，可以建立列式布局。将布局的一部分与另一部分重叠，还可以完成通常需要由多个表格才能完成的任务。定位可以定义元素框相对于其正常位置应该出现的位置，或者相对于父元素、另一个元素、浏览器窗口本身的位置。

CSS 有三种基本的定位机制：普通(流动模型)、浮动、绝对和相对定位。除非专门指定，否则所有框都在普通流中定位。即普通流中元素的位置由该元素在 HTML 中的位置决定。

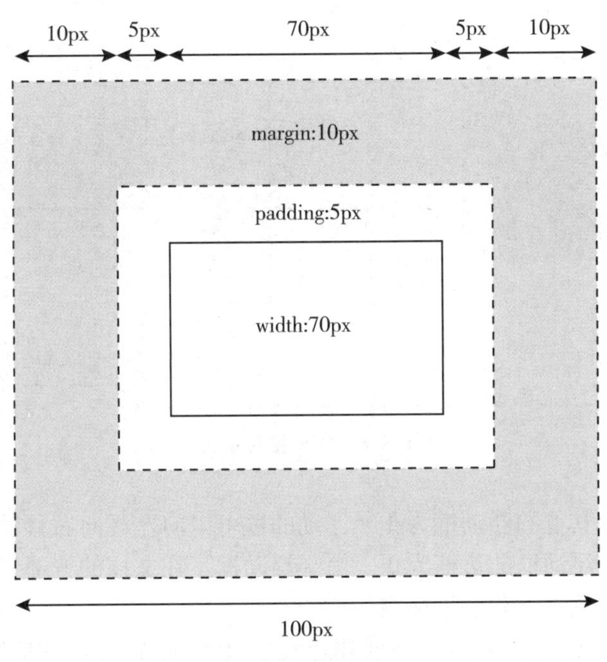

图 8.7　盒子模型示例

块框(如 div)从上到下一个个地排列，框之间的垂直距离是由框的垂直外边距计算出来的。行内框(如 p)在一行中水平布置。可以使用水平内边距、边框和外边距调整它们的间距，但是，垂直内边距、边框和外边距不影响行内框的高度。

使用 position 属性，可以选择 4 种不同类型的定位：①static 静态不动，HTML 元素的默认值，即没有定位，元素出现在正常的普通流中，即流动模型。②relative 相对定位，元素框偏移某个距离，元素形状不变，它原本所占的空间平移到新位置。③absolute 绝对定位，元素框从文档流完全删除，并相对于其包含块元素定位，元素原先在正常文档流中所占的空间会关闭，就好像元素原来不存在一样，元素定位后生成一个块级框，而不论原来它在正常流中生成何种类型的框。④Fixed，固定定位，元素框的表现类似于将 position 设置为 absolute，不过其包含块是视窗本身。

例如：CSS 相对定位。一个元素将出现在它所在的位置上，然后对它进行相对定位；通过设置垂直或水平位置，让这个元素“相对于”它的起点进行移动。实现代码如下：

```
#box2 {
position: relative;
  left: 30px;        /* 将元素向右移动 30 像素 */
  top: 20px;         /* 框 2 将在原位置顶部下面 20 像素的地方 */
     }
```

实现效果如图 8.8 所示。

3. float 属性

float 属性定义元素在哪个方向浮动，浮动元素会生成一个块级框，直到该块级框的外

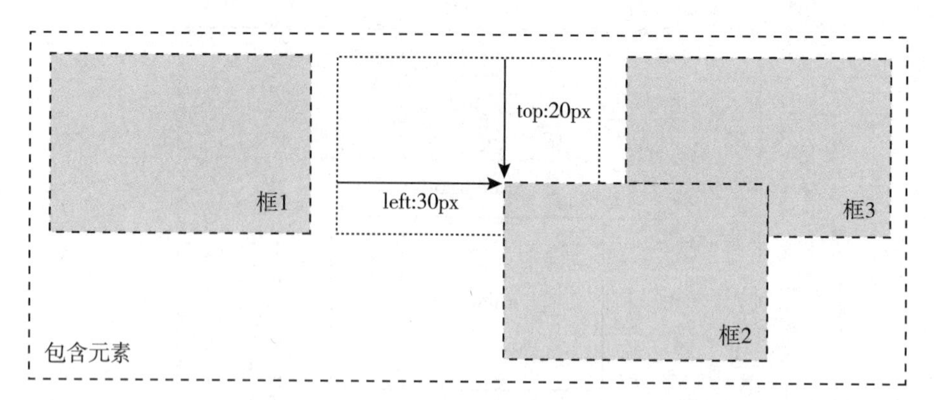

图 8.8 CSS 相对定位

边缘碰到包含框或者其他的浮动框为止。浮动的框可以向左或向右移动，直到它的外边缘碰到包含框或另一个浮动框的边框为止。由于浮动框不在文档的普通流中，所以文档的普通流中的块框表现得就像浮动框不存在一样。

float 属性值有：①float：none，不使用浮动；②float：left，靠左浮动；③float：right，靠右浮动。

【例 8】 框 1 向右浮动，它脱离文档流向右移动，直到它的右边缘碰到包含框 body 的右边缘。实现效果如图 8.9 所示。

```
1  <html>
2    <head>
3      <style type="text/css">
4          div {
5              border: dashed;
6              width: 100px;
7              height: 100px;
8              overflow:hidden;
9              }
10         #box1{ float:right }
11     </style>
12   </head>
13   <body>
14     <div id="box1"> 框 1   </div>
15     <div> 框 2   </div>
16     <div> 框 3   </div>
17   </body>
18 </html>
```

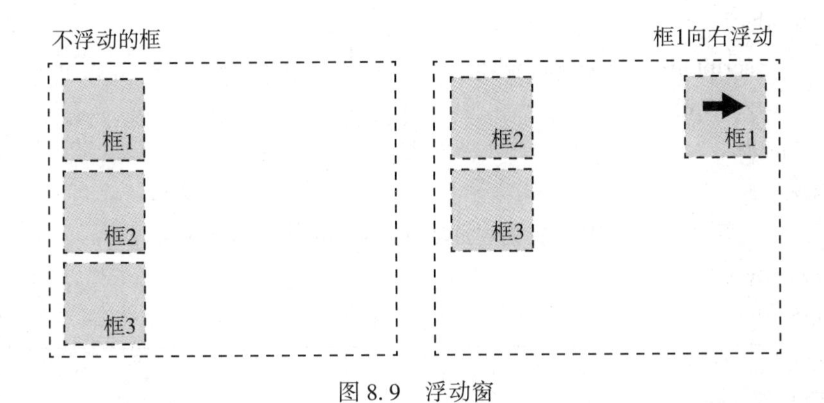

图 8.9　浮动窗

四、JavaScript 基础

1. JavaScript 简介

JavaScript 是一种网络脚本语言，被广泛用于 Web 前端开发，为网页添加动态功能，JavaScript 脚本通过嵌入在 HTML 中实现自身的功能。

JavaScript 采用的是弱类型的变量类型，对使用的数据类型未做出严格的要求，它与强类型定义语言相反，一个变量可以赋不同数据类型的值。例如：

```
var num=1;    // num 的类型为 number
num="abc"; // num 类型变换了，成为 string
```

【例 9】 JavaScript 代码在 body 中。

```
1  <html>
2      <body>
3          <script>
4              document. write("Hello World!")
5          </script>
6      </body>
7  </html>
```

说明：<script> 与 <script type="text/javascript"> 等价。<script> 是 js 新版本的改进和简化。

【例 10】 JavaScript 代码在外部文件中。

```
1  <html>
2      <head>
3          <script src="mycode. js">
4          </script>
5      </head>
6      <body>
7        <p> 实际的脚本位于名为"mycode. js" 的外部脚本中</p>
8      </body>
9  </html>
```

外部文件 mycode. js :

```
var num=1;     // num 的类型为 number
num="abc"; // num 类型变换了，成为 string
alert(num)
```

2. 语法

JavaScript 的语法和 Java 语言或 C#类似，每个语句以";"结束，语句块用{...}。但是，JavaScript 并不强制要求在每个语句的结尾加";"，浏览器中负责执行代码的引擎会自动在每个语句的结尾补上";"。请注意，JavaScript 严格区分大小写。

例如：

```
var x = 1;
if (2 > 1)       // 注释 1
{x = 2; }    /* 注释 2 */
```

3. 数据类型

不同的数据需要定义不同的数据类型。在 JavaScript 中定义了以下几种数据类型。

1) Number 类型

JavaScript 不区分整数和浮点数，统一用 Number 表示，以下都是合法的 Number 类型：

(1)123; // 整数 123;

(2)0. 456; // 浮点数 0. 456;

(3)1. 2345e3; // 科学计数法表示 1. 2345×1000，等同于 1234. 5;

(4)-99; // 负数;

(5)NaN; // NaN 表示 Not a Number，当无法计算结果时用 NaN 表示。

2) 布尔值类型

一个布尔值只有 true、false 两种值，也可以通过布尔运算计算出来：

(1)true; // 这是一个 true 值;

(2)false; // 这是一个 false 值;

(3)2 > 1; // 这是一个 true 值;

(4)2 >= 3; // 这是一个 false 值。

比较运算符：由于 JavaScript 设计缺陷，不要使用==比较，始终坚持使用===比较。&&, | | , ! 等运算与 C++相同。

3)字符串类型 string

JavaScript 的字符串是用"或""括起来的字符表示的。如果'本身也是一个字符，那就可以用""括起来，比如"I'm OK"。如果字符串内部既包含'又包含"怎么办？可以用转义字符\，如:'I\ 'm \ "OK\ "!'表示的字符串内容是：I'm "OK"!

4)null 和 undefined 类型

JavaScript 的设计者希望用 null 表示一个空的值，而 undefined 表示值未定义。事实证明，这并没有什么用，区分两者的意义不大。大多数情况下，我们都应该用 null。

5)数组类型

JavaScript 数组是一组按顺序排列的集合，与 C++的不同。JavaScript 的数组可以包括任意数据类型。例如：

(1)var arr = [1, 2, 3.14, 'Hello', null, true];

(2)arr[0]; // 返回索引为 0 的元素，即 1;

(3)arr[5]; // 返回索引为 5 的元素，即 true;

(4)arr[6]; // 索引超出了范围，返回 undefined。

【例 11】数组类型。

```
1  <script>
2      var mycars = new Array()
3      mycars[0] = "Saab"
4      mycars[1] = "Volvo"
5      mycars[2] = "BMW"
6      for (i=0;i<mycars.length;i++)
7      {
8          document.write(mycars[i] + "<br />")
9      }
10 </script>
```

4. 对象

1)普通对象和函数对象

用 function 定义的函数(如下面的 f1, f2, f3)，或通过 new Function() 创建的对象都是函数对象，其他的都是普通对象(如 o1, o2, o3)。

var o1 = {}; // JSON 对象

var o2 =new Object();

```
var o3 = new f1();

function f1(){};
var f2 = function(){};
var f3 = new Function('str','console.log(str)');
```

每个对象(普通和函数对象)都有_proto_属性，但只有函数对象才有 prototype 属性，普通对象无 prototype)。

2)普通对象1：用{}创建JSON对象

JSON(JavaScript Object Notation)对象由花括号{}分隔，是一组由“键-值”组成的无序集合。键名都是字符串或Symbol值，加不加引号都可以。值可以是任意数据类型。如果键名是数值，会被自动转为字符串。

【例12】创建JSON对象。

1	var person =
2	{ name: 'Bob',
3	‘age’: 20,
4	tags: ['js', 'web', 'mobile'],
5	city: 'Beijing',
6	hasCar: true,
7	say: function(){ alert(“Hello”); }
8	};

要获取一个对象的属性，用“对象变量.属性名”的方式，如：

```
person.name    // 'Bob'
```

3)普通对象2：用构造函数创建对象

任何函数只要通过 new 操作符调用，那它就可以作为构造函数；任何函数如果不通过 new 调用，那它跟普通函数也没有什么两样。例如：

```
//创建函数
  function Person(name){
        this.name = name;
        this.say =function(){ alert(this.name); }
  }
  //当作普通函数调用
  Person('wang');                //this-->window
  window.say();      // wang
  //当作构造函数使用，系统在构造函数最后行，自动添加 return this;
  var boy = new Person('李明');    // boy 对象
  var girl = new Person('王玲');    // girl 对象
```

boy. say( ) ;　　// 李明

4)混合方式：构造函数+prototype 原型

联合使用构造函数和原型方式，就可像用其他程序设计语言一样创建对象。即用构造函数定义对象的所有非函数属性，用原型方式定义对象的函数属性(方法)。结果是，所有函数都只创建一次，而每个对象都具有自己的对象属性实例。例如：

```
//用构造函数创建对象属性
function Person(name)
{ this.name = name; }
// 用原型创建共享方法：原型对象是 Person.prototype
Person.prototype.sayHello =function(){ alert(this.name); }
```

【例 13】用混合方式创建对象。

```
1  function Car(sColor,iDoors)
2  {   this.color = sColor;
3      this.doors = iDoors;
4      this.drivers = new Array("Mike","John");
5  }
6  // 用原型方式定义对象的函数
7  Car.prototype.showColor = function() {alert(this.color);};
8  var oCar1 = new Car("red",4);
9  var oCar2 = new Car("blue",3);
```

5)普通对象 3：用构造函数创建对象属性，用原型对象创建共享方法

```
var boy = new Person('李明');     // boy 对象
var girl = new Person('王玲');    // girl 对象
```

boy 对象与 girl 对象的方法共享一个相同的函数。prototype 是特定构造函数的一个公共容器，其所有实例都可以访问到它。那么，我们将重复的东西放入其中，就可实现共享了。例如：

```
//原型对象是 Person.prototype，它是一个共享的 JSON 对象
Person.prototype.sayHello =function(){ alert(this.name); }
```

等价于：

```
Person.prototype =
{ sayHello: function(){ alert(this.name); }
}
```

6)普通对象 4：用 JS 继承创建对象

我们看这个 robot 对象有名字，有身高，还会跑，有点像小明，干脆就根据它来“创建”小明得了！于是我们把它作为小明的原型，然后创建出 xiaoming：

```
var xiaoming = { name: '小明'};
xiaoming.__proto__ = robot;
```

// 不等价于 xiaoming. prototype = robot;

注意，最后一行代码把 xiaoming 的原型指向了对象 robot，看上去 xiaoming 仿佛是从 robot 继承下来的(原型链)：

__proto__ 原型链 = JS 继承机制

5. 函数

函数是包裹在花括号中的代码块，前面使用了关键词 function：

function functionname()
{ 要执行的代码
}

提示：JavaScript 对大小写敏感。关键词 function 必须是小写的，并且必须以与函数名称相同的大小写调用函数。

function functionname(var1, var2) //带参数的函数
{ 要执行的代码
  return x;   //有返回值
}

箭头函数：输入 => 输出

(参数 1，参数 2，…) => { 语句 }

等价于：function(参数 1，参数 2，…) { 语句 }

例如：(x) =>{ x++; return x * x; }

【例 14】函数的声明与调用。

```
1   <html>
2       <body>
3           <p>点击这个按钮,调用带参数的函数。</p>
4           <button onclick="myFunction('盖茨','CEO')">点击这里</button>
5           <script>
6           function myFunction(name,job)
7           {
8               alert("Welcome " + name + ", the " + job);
9           }
10          </script>
11      </body>
12  </html>
```

6. 对行为(事件)作出反应

(1)点击：onclick="" (引号中可以加语句或者一个函数)

(2)页面加载：

onload="　"　　　　　　//加载成功时执行
onunload="　"　　　　　//加载失败时执行
(3)鼠标悬停：
onmouseover="　"　　　//鼠标在此标签上方悬停时执行
onmouseout="　"　　　　//鼠标离开后执行
(4)改变：onchange="　"//值改变后执行
(5)按住和离开：
onmousedown="　"　　　//鼠标按下不放
onmouseup="　"　　　　//鼠标松开后
(6)聚焦：onfocus="　"　//一般只对 input 标签使用，点击输入框之后执行。

【例 15】对行为(事件)作出反应。

```
1  <html>
2      <head>
3          <script type="text/javascript">
4          function mouseOver()
5          { document.b1.src ="/i/eg_mouse.jpg" }
6          function mouseOut()
7          { document.b1.src ="/i/eg_mouse2.jpg" }
8          </script>
9      </head>
10     <body>
11         <a href="/index.html" target="_blank">
12         <img border="0" alt="Visit W3School!" src="/i/eg_mouse2.jpg" name=
13 "b1" onmouseover="mouseOver()" onmouseout="mouseOut()" /></a>
14   </body>
15 </html>
```

五、案例实训

【例 16】使用 charts 实现图形的显示。

通过菜单“文件(F)”→“新建(N)”→“项目(P)”，打开“创建新项目”对话框。在图 8.10 中②处所示的项目类型中选择“Web”，③处选择“ASP.NET Web 应用程序(.NET Framework)”项目类型，单击“下一步”按钮。

在新项目配置中，项目名称设置为 Chap8，产生项目模版。

在如图 8.11 中，鼠标右击如①处所示的项目名称，单击弹出的对话框中如②所示的“添加(D)”，然后选择“HTML 页”。

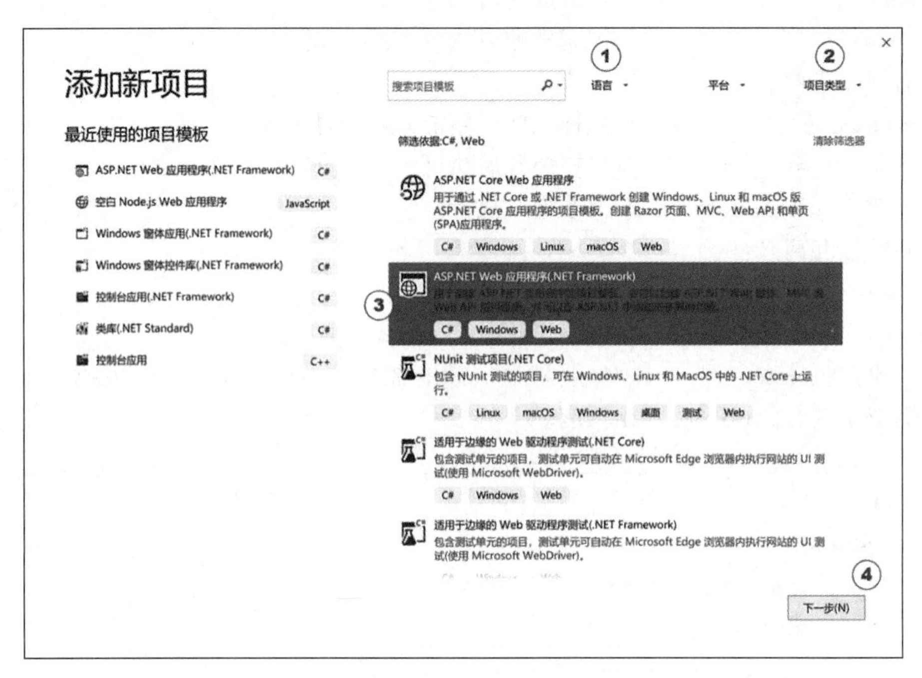

图 8.10　创建项目

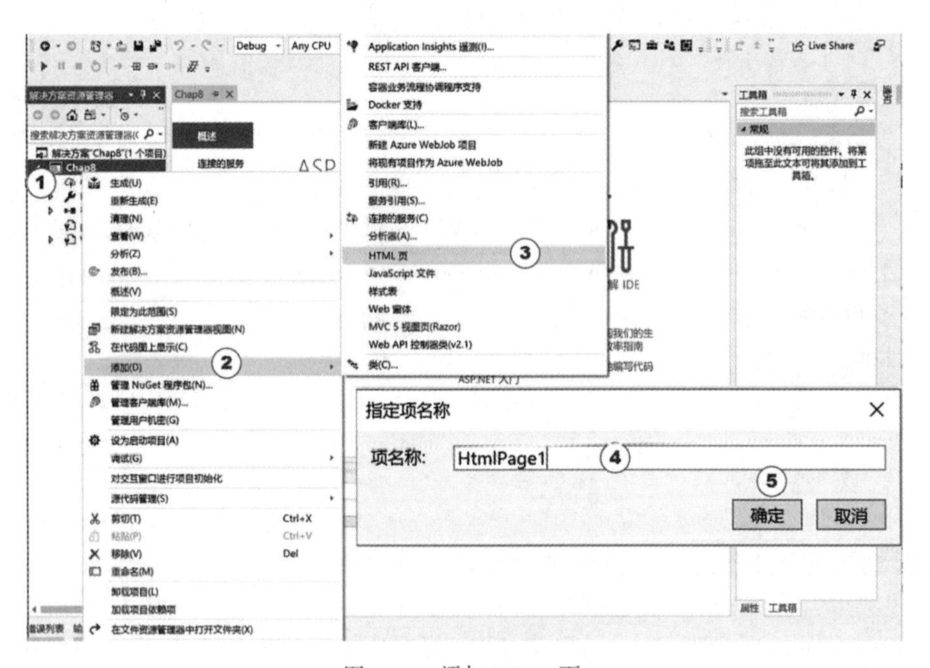

图 8.11　添加 HTML 页

在“指定项名称”对话框中，输入项名称(如 HtmlPage1)，单击“确定”，完成 HTML 文件的添加。

从网站 https：//echarts. baidu. com/download. html 中下载 echarts. min. js 文件，然后将其复制到项目的目录下，如图 8. 12 中的①处所示。

打开如②处所示的 HtmlPage1. html 文件，输入如③所示的源码，然后单击④处，打开浏览器，进行测试。

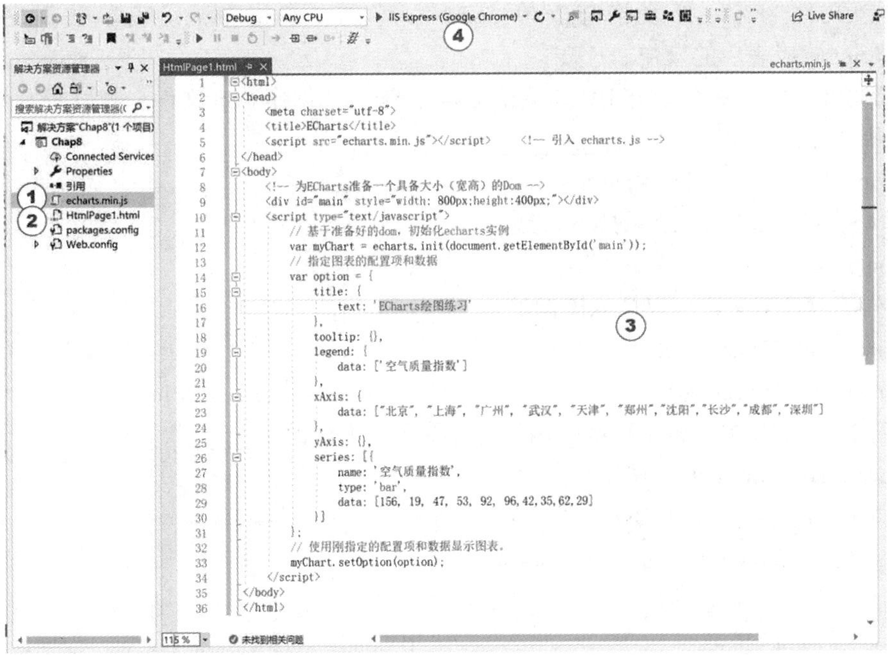

```
<html>
<head>
    <meta charset="utf-8">
    <title>ECharts</title>
    <script src="echarts.min.js"></script>    <!-- 引入 echarts.js -->
</head>
<body>
    <!-- 为ECharts准备一个具备大小（宽高）的Dom -->
    <div id="main" style="width: 800px;height:400px;"></div>
    <script type="text/javascript">
        // 基于准备好的dom，初始化echarts实例
        var myChart = echarts.init(document.getElementById('main'));
        // 指定图表的配置项和数据
        var option = {
            title: {
                text: 'ECharts绘图练习'
            },
            tooltip: {},
            legend: {
                data: ['空气质量指数']
            },
            xAxis: {
                data: ["北京", "上海", "广州", "武汉", "天津", "郑州","沈阳","长沙","成都","深圳"]
            },
            yAxis: {},
            series: [{
                name: '空气质量指数',
                type: 'bar',
                data: [156, 19, 47, 53, 92, 96,42,35,62,29]
            }]
        };
        // 使用刚指定的配置项和数据显示图表。
        myChart.setOption(option);
    </script>
</body>
</html>
```

图 8. 12　编写源码

运行结果如图 8. 13 所示。

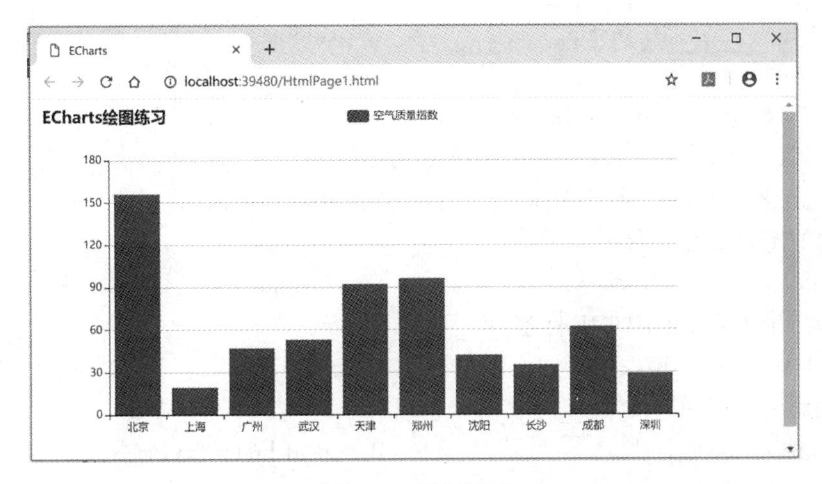

图 8. 13　运行测试

六、综合练习

1. 看视频文件“EX8-1 HTML 基础-在线商店 . mp4”，学习：HTML 结构、超级链接、图像插入。
2. 看视频文件“EX8-2 表格与表单 . mp4”，学习：表格布局、表单数据交换、用 JavaScript 响应表单的操作。
3. 看视频文件“EX8-3 CSS 与 DIV 布局 . mp4”，学习：创建 CSS 文件、测试 CSS 效果。
4. 以下哪个标记不能用于布局__________。
   A. <div>　　B. <span>　　C. <table>
5. 以下 CSS 属性可控制文本的尺寸的是__________。
   A. font-size　　B. text-size　　C. font-style
6. 在下列的 HTML 中，可以插入图像的是__________。
   A. <img href="image. gif">　　B. <image src="image. gif">
   C. <img src="image. gif">　　D. <img>image. gif</img>
7. 在以下的 HTML 中，属于正确引用外部样式表的方法的是__________。
   A. <style src="mystyle. css">
   B. <link rel="stylesheet" type="text/css" href="mystyle. css">
   C. <stylesheet>mystyle. css</stylesheet>
8. 下列 CSS 语法不正确的是__________。
   A. body {color=black}　　B. body {color: black}
   C. body {color: black}　　D. #body {color: black}
9. CSS 中 position 属性的默认值是__________。
   A. absolute　　B. relative　　C. fixed　　D. static
10. CSS 中内边距属性是__________。
    A. content　　B. magin　　C. padding　　D. border
11. HTML 指的是__________。
    A. 超文本标记语言(Hyper Text Markup Language)
    B. 家庭工具标记语言(Home Tool Markup Language)
    C. 超链接和文本标记语言(Hyperlinks and Text Markup Language)
12. 在下列的 HTML 中，最大的标题__________。
    A. <h6>　　B. <head>　　C. <heading>　　D. <h1>
13. 请选择产生粗体字的 HTML 标签__________。
    A. <bold>　　B. <bb>　　C. <b>　　D. <bld>
14. 如何制作电子邮件链接？__________
    A. <a href="xxx@ yyy">　　B. <mail href="xxx@ yyy">
    C. <a href="mailto: xxx@ yyy">　　D. <mail>xxx@ yyy</mail>
15. 以下选项中，全部都是表格标签的是__________。

A. <table><head><tfoot>　　B. <table><tr><td>
C. <table><tr><tt>　　D. <thead><body><tr>

16. 在以下的 HTML 中，哪个是正确引用外部样式表的方法？
A. <style src="mystyle. css">
B. <link rel="stylesheet" type="text/css" href="mystyle. css">
C. <stylesheet>mystyle. css</stylesheet>

17. 下列哪个选项的 CSS 语法是正确的？
A. body：color=black　　B. {body：color=black(body}
C. body {color：black}　　D. {body；color：black}

18. 哪个 CSS 属性可控制文本的尺寸？
A. font-size　　B. text-style　　C. font-style　　D. text-size

19. 如何显示没有下划线的超链接？
A. a {text-decoration：none}　　B. a {text-decoration：no underline}
C. a {underline：none}　　D. a {decoration：no underline}

第 9 章　ASP. NET 网络编程

一、ASP. NET 基础

1. 相关术语

网站：万维网上相关网页的集合。

静态网页：只能浏览，客户端与服务器端不能互动。

动态网页：能与客户端交流互动。

ASP. NET：建立在公共语言运行时(CLR)上的程序开发架构，能在服务器上开发功能强大的 Web 应用程序。ASP. NET 支持的语言如图 9. 1 所示。

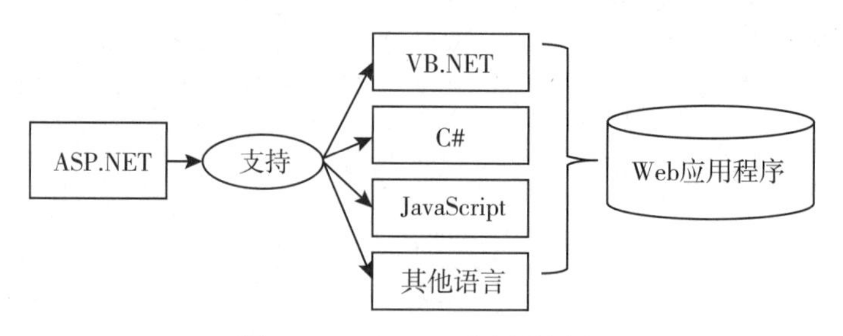

图 9. 1　ASP. NET 支持的语言

ASP. NET 的功能包括：

(1) ASP. NET 允许使用和创建 Web 服务。

(2) Web 服务是通过标准 Web 协议访问的可编程的应用程序逻辑。

(3) Web 服务利用 XML 和 HTTP 作为信息通道的一部分，ASP. NET 使其抽象化，使得构建基于 SOAP 的应用程序简单到只需编写应用程序逻辑。

(4) 改进的安全性：ASP. NET 与 IIS、. NET 框架和操作系统所提供的基础安全服务配合使用，共同提供一系列身份验证和授权机制。

(5) 更高的可扩展性：可在单独的机器或数据库的单独进程中维护会话状态，从而允许跨服务器的会话。

(6) 状态管理：ASP. NET 能够通过 cookie、查询字符串、应用程序、Session 等进行有效的状态管理。

(7) 配置和部署：将配置信息存储在基于 XML 的配置文件中，使得 ASP. NET 应用程序更易于部署。

2. 安装 IIS

配置 IIS 设置：IIS（Internet Information Services，Internet 信息服务），基于 Windows 服务器的服务，可帮助在任何 Intranet 或 Internet 上发布信息。虚拟目录是由 Web 服务器使用的逻辑目录名，与服务器上的物理目录相对应。

以 Windows10 为例，进行 IIS 的安装和配置，基本步骤如下：

(1)点击“Windows”键进入“开始”菜单，点击“所有应用”，在所有应用菜单里点击“Windows 系统”里的“控制面板”。

(2)在控制面板对话框里点击“程序”。

(3)在“程序”对话框里点击“启用或关闭 Windows 功能”。

(4)在“Windows 功能”对话框里选中“Internet Information Services”，在 Internet Information Services 功能展开选择框里根据实际需要选择功能即可，比如用 FTP 功能，能运行 ASP. NET 程序，等等，只要选中这些功能就行了。最后点击“确定”按钮，如图 9.2 所示。

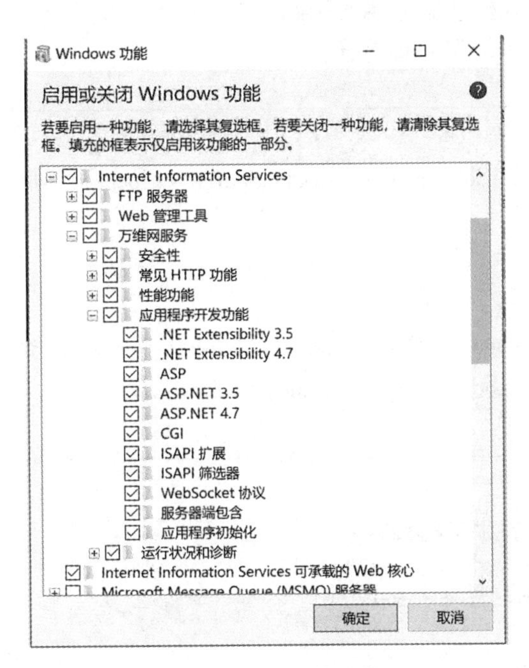

图 9.2　启动相关功能

(5)Windows 功能开始下载并安装用户所需的功能的程序，直到出现“Windows 已完成请求的更改”，点击重启电脑。

3. Web. config 文件配置

Web. config 文件是一个 XML 文本文件，它用来储存 ASP. NET Web 应用程序的配置信息。根目录自动创建一个默认的 Web. config 文件。如果想修改子目录的配置设置，可在子目录下新建一个 Web. config 文件。

Web. config 是以 XML 文件规范存储的。配置节处理程序声明：位于配置文件的顶部，包含在<configSections>标志中。特定应用程序配置：位于<appSetting>中，可以定义应用程序的全局常量设置等信息。

配置 Access 数据库：在<connectionStrings/>节点中添加。

例如：

```
<appSettings>
    <add key="accessCon" value="Provider=Microsoft. Jet,OLEDB. 4. 0;
    Data Source=|DataDirectory|db_access. mdb">
</appSettings>
```

其中，Provider 属性用于指定要使用的数据库引擎。Data Source 属性用于指定 Access 数据库文件在计算机中的物理位置。

在配置 SQL server 数据库连接中，Data Source 属性用于指定数据库服务器名，Database 属性用于指定要连接的数据库名，Uid 属性用于指定登录数据库服务器的用户名，Pwd 属性用于指定登录数据库服务器的密码。

【例 1】 配置 SQL server 数据库连接。

```
1  <appSettings>
2       <add key="sqlCon" value="Data Source=(local);,Database=database; Uid=
3  sa;Pwd=000">
4  </ appSettings >
5  <system. web>
6       <customErrors mode="on"   defaultRedirect="error. aspx">
7       <sessionState mode="InProc" timeout="10" />
8  </system. web>
```

4. ASP. NET 文件的体系结构

ASP. NET 常用文件类型见表 9-1。

表 9-1　**ASP. NET 常用文件类型**

文件扩展名	说　明
. aspx	用于创建网页和对网页进行编程的核心文件类型
. aspx. cs	由 ASPX 或 ASCX 文件继承的 C# 代码文件
. ascx	指明一个 ASP. NET 用户定义控件
. asax	包含 ASP. NET 应用程序级事件的事件语法

续表

文件扩展名	说　　明
. asmx	供宿主 Web 服务在本地或远程使用
. config	配置文件,用于设置应用程序的各种属性
. htm	标准 HTML 文件,包含静态元素和内容

利用 Visual Studio 进行编辑时有三种界面，如图 9. 3 所示。

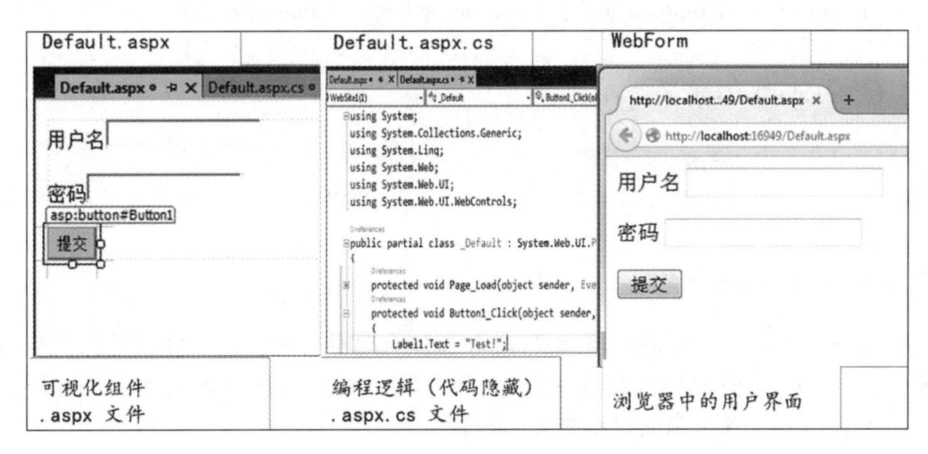

图 9. 3　三种界面

【例 2】用户界面(* . aspx)。

```
1   <%@ Page Language = " C#"  AutoEventWireup = " true", CodeFile = " Default. aspx. cs"
2   Inherits = " _Default"  %>
3   <html>
4     <head runat = " server" >
5       <title></title> </head>
6     <body>
7       <form id = " form1"  runat = " server" >
8        <asp:TextBox ID = " TextBox1"  runat = " server" >
9        </asp:TextBox>….
10       <asp:Button ID = " Button1"  runat = " server“
11         OnClick = " Button1_Click"  Text = " 提交"  />
12      </form>
13    </body>
14  </html>
```

【**例 3**】代码隐藏文件。

```
1   using System;
2   using System.Web;
3   using System.Web.UI;
4   using System.Web.UI.WebControls;
5   public partial class _Default : System.Web.UI.Page
6   {
7       protected void Button1_Click (object sender,  EventArgs e)
8       {
9           Label1.Text = "Test!";
10      }
11  }
```

5. Web 窗体页的生命周期

ASP. NET 页框架在不同的阶段处理 Web 窗体页时都可能引发事件，并执行响应的事件处理程序。事件处理程序实际上是一个子程序，能执行任何给定事件的相关代码。ASP. NET 页面因其事件机制而显得格外新颖独特。

在页面处理的某些特定阶段，页面会自动触发一些事件。与服务器控件相关联的其他事件则在服务器端触发并得到处理。表 9-2 为 Web 窗体页不同阶段引发的事件。

表 9-2　**Web 窗体页不同阶段引发的事件**

阶　段	引发的事件
初始化页面	Page_Init
加载页面	Page_Load
验证	Validate
事件处理	Form event handler
页面显示之前	Page_PreRende
页面卸载	Page_Unload

二、Web 服务器控件

1. HTML 控件与 Web 控件

HTML 控件比较灵活、功能较少，在客户端运行窗体，如 Button 按钮、Div 控件容器。

Web 控件的特征如下：①具备编程功能、控件多。②服务器端运行、数据库处理功能完善。③过程：浏览器向用户显示一个窗体，用户与该窗体进行交互，这导致该窗体回发到服务器。但是，因为与服务器组件进行交互的所有处理必须在服务器上发生，这意味着对于要求处理的每一操作而言，将该处理发送到服务器，进行处理，返回到浏览器。④无状态性：客户端向服务器发送请求(如在 IE 栏输入网址)，服务器接到请求，响应请求(处理事件)，服务器完成处理后将生成的 Web 页发送回浏览器，然后清除该页的信息，释放服务器资源。服务再等待下一次请求，即使下一次是请求同一页，服务器重新开始创建和处理该页。服务器不停地重复这一过程。服务器不记录页面的状态或信息的特性称为“无状态性”。

HTML 控件与 Web 控件的关系：标准 HTML 标签+runat =“server”属性。

2. 基本服务器控件

ASP. NET 提供了与 HTML 控件相对应的基本 Web 控件。在 ASP. NET 中，Web 控件的标记有特定的格式：以<asp：开始，后面跟相应控件的类型名，最后以/>结束，在其间可以设置各种属性。

Web 控件的使用非常简单，只需把 Web 控件拖拽到页面上即可。服务器控件类基于对象 Object，继承自 WebControl 基类，包含在 System. Web. UI. WebControls 命名空间下。

服务器控件可分为两部分：①Web 控件：组成与用户交互的接口，组成与用户进行交互的页面。这类控件包括常用的按钮控件、文本框控件、标签控件等；②还有验证用户输入的控件、日历控件、数据绑定控件、广告控件、表格控件、单控件、树型控件等，如图 9. 4 所示。

图 9. 4　常用 Web 控件

3. 服务器控件的属性

服务器控件的基本属性设置方式有三种：①在与控件对应的属性窗口里设置属性；

②在定义控件的标记里设置属性；③在后台代码中利用“.”操作符设置属性。

基本属性有：

BackColor：获取或设置背景色；

BorderColor：边框颜色；

BorderStyle：边框样式；

BorderWidth：边框宽度；

CssClass：级联样式表(CSS)类；

Enabled：是否启用控件；

EnableTheming：是否对此控件应用主题；

Font：关联的字体属性；

ForeColor：控件的前景色(通常是文本颜色)；

Height：控件的高度；

ID：控件的编程标识符；

SkinID：控件的外观；

Style：样式属性的文本属性的集合；

Visible：是否作为 UI 呈现在页上；

Width：控件的宽度。

4. 服务器控件的事件

Web 控件事件与 HTML 标记的事件工作方式不同：HTML 事件是在客户端引发和处理的，Web 事件是在客户端引发，在服务器端处理的。

Web 控件的事件模型如下：客户端捕捉到事件信息，然后通过 HTTP POST 将事件信息传输到服务器。Web 事件处理函数都包括两个参数：第 1 个参数表示引发事件的对象，第 2 个参数表示包含该事件特定信息的事件对象。第 2 个参数通常是 EventArgs 类型或其继承类型。

【例 4】单击事件处理程序。

```
1  public void OnButton(Object Sender, CommandEventArgs e)
2    {
3       //在此处添加处理程序,如:
4       Label1.Text = "Test!";
5    }
```

5. 验证控件

为了更好地创建交互式 Web 应用程序，加强应用程序安全性(例如，防止脚本入侵等)，程序开发人员应该对用户输入的内容进行验证。

ASP.NET 提供了验证控件，帮助开发人员实现输入验证功能。ASP.NET 共包含 5 个验证控件，分别是 RequiredFieldValidator、CompareValidator、RangeValidator、RegularExpression Validator 和 CustomValidator。这些控件直接或者间接派生自 System. Web. UI. WebControls. BaseValidator。每个验证控件执行特定类型的验证，并且当验证失败时显示自定义消息。

正则表达式是对字符串操作的一种逻辑公式，是用事先定义好的一些特定字符，以及这些特定字符的组合，组成一个“规则字符串”，这个“规则字符串”用来表达对字符串的一种过滤逻辑。正则表达式通常被用来检索、替换那些符合某个模式(规则)的文本，表 9-3 是正则表达式的通配符。

表 9-3　**正则表达式的通配符**

符号	含　义
^	字符串开始处
$	字符串结束
[a-z]	是否是 a-z 中的一个
\w	允许输入任何值
\d{3}	“\d”指定输入值是一个数字，{ } 表示出现次数
+	表明一个或多个元素将被添加到正在检查的表达式中

6. 用户控件

ASP. NET 提供了一种称为用户控件的技术，可以让程序员根据自己的需要开发出自定义的控件，并把这种开发出来的自定义控件称为用户控件。

ASP. NET 页面使用用户控件(控件组合)减少重复代码的编写工作，以提高开发效率。一个用户控件是一个简单的 ASP. NET 页面，它可以被另外一个 ASP. NET 页面包含进去。

用户控件存放在文件扩展名为 . ascx 的文件中(图 9. 5)。在 . ascx 文件中，用户控件

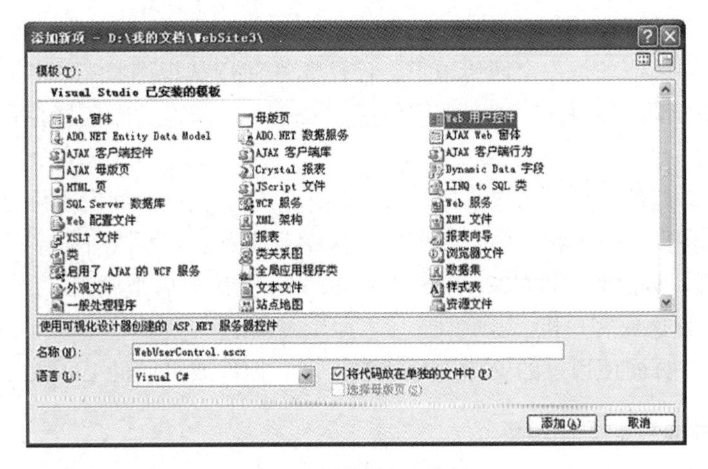

图 9. 5　创建用户控件

代码格式和 . aspx 文件中的代码格式非常相似，但是 . ascx 文件中没有<html>标记，也没有<body>标记和<form>标记，因为用户控件要被 . aspx 文件所包含，而这些标记在一个 . aspx 文件只能包含一个。

三、内置对象与配置

1. Page 类概述

Page 类在 System. Web. UI 命名空间中定义，Page 类与扩展名为 . aspx 的文件相关联，这些文件在运行时被编译为 Page 对象。Page 类的主要属性或方法见表 9-4。

表 9-4 **Page 类的主要属性或方法**

属性或方法	描　述
Request	使用浏览器将信息发送到 Web 服务器
Response	封装了 Web 服务器对客户端请求的响应
Server	反映 Web 服务器的各种信息
Application	全局共享数据
Session	为每个用户的会话存储信息
Cookie	保存用户首选项或其他信息
ViewState	状态信息的状态

页面生命周期，包括 5 个阶段：

(1)页面初始化：在这个阶段，页面及其控件被初始化。页面确定这是一个新的请求还是一个回传请求。页面事件处理器 Page_ PreInit 和 PageInit 被调用。另外，服务器控件的 PreInit 和 Init 被调用。

(2)载入：如果请求是一个回传请求，控件属性使用从视图状态和控件状态的特殊页面状态容器中恢复的信息来载入。页面 Page_ Load 方法，以及服务器控件的 Page_ Load 方法事件被调用。

(3)回送事件处理：如果请求是一个回传请求，任何控件的回发事件处理器被调用。

(4)呈现：在页面呈现状态中，视图状态保存到页面，然后每个控件及页面把自己呈现给输出相应流。页面和控件的 PreRender 和 Render 方法先后被调用。最后，呈现的结果通过 HTTP 响应发送回客户机。

(5)卸载：对页面使用过的资源进行清除处理。控件或页面的 Unload 方法被调用。

2. 服务器与客户端交互对象

Request、Response、Serve 对象用来连接服务器和客户端浏览器。

Request 对象(获取数据)：客户端使用浏览器将信息发送到 Web 服务器，服务器接收到一个 HTTP 请求，这些请求信息封装成 Request 对象。

Server 对象：获取服务器信息，反映了 Web 服务器的各种信息，它提供了服务器的各种服务。

Response 对象：请求响应，封装了 Web 服务器对客户端请求的响应。

服务器与客户端交互对象的主要属性或方法详见表 9-5。

表 9-5　　**服务器与客户端交互对象的主要属性或方法**

对象	属性或方法	说　明
Request 对象	Browser	传回有关客户端浏览器的功能信息
	Cookies	传回一个 Cookie 集合
	QueryString	传回附在网址后面的参数内容
	Url	传回有关目前请求的 URL 信息
	UserHostAddress	传回客户端机器的主机 IP 地址
Server 对象	MachineName	获取服务器端的计算机名称
	ScriptTimeOut	获取或设置 Script 的超时时间
	ClearError()	清除之前发生的异常错误
	MapPath()	将虚拟路径转换为实际路径
	Execute()	执行另一网页,然后返回原网页继续
	Transfer	终止当前网页(即实现重定向)
Response 对象	Cache	传回目前网页快取的设定
	Cookies	获取保存在客户端 Cookie 集
	End	将缓冲区中内容送到客户端后关闭联机
	Redirect	将浏览器重定向到地址为 URL 的网页
	Write	将字符串表达式写入 HTML 文档

【**例 5**】Response 对象。

```
1  private void btnSubmit_Click(object sender, System.EventArgs e)
2  {
3      string strURL = "";
4      strURL = "TargetPage.aspx? Nm = " + Server.UrlEncode(txtName.Text)
5                + "  &pwd  =  "   +   Server.UrlEncode  ( this.txtPwd.Text );
6  HttpContext.Current.Response.Redirect(strURL);
7  }
```

3. ASP. NET 状态管理

ASP. NET 程序和桌面程序的显著区别在于：ASP. NET 程序无法保存程序运行的状态。因此，状态管理对于 Web 应用程序非常重要。ASP. NET 提供了多种状态管理的机制，包括 Session 对象、Application 对象、Cookie 对象和 ViewState 对象。

1）Application 对象

Application 对象可以用来存储正在运行应用程序的所有用户的状态(即简单变量、对象、数组等)。绝大部分的应用程序在整个程序中需要共享数据及功能。Web 页允许 Application 对象从任何网页中存取共同数据。Application 对象在 Web 页中被定义为虚拟根目录及其所属子目录下的应用程序。

Application 对象是用来记录整个网站的信息的，是 Page 对象的成员，可以直接使用。Application 对象正确的对象类别名称为 HttpApplication，每个 Application 对象变量都是 Application 对象集合中的对象之一，由 Application 对象统一管理。Application 对象是运行在 Web 服务器上的一个虚拟目录及其子目录下的所有文件、页面、模块及可执行代码的总和。使用 Application 对象可以在给定的应用程序的所有用户之间共享信息。

2）Cookies 对象

Cookies 对象是在浏览者访问某些网站时，在客户端磁盘记录浏览者的个人信息、浏览器的类型、何时访问网站、从事哪些活动等，浏览者再次访问同一网站时，只需查询 Cookie 对象中的记录就能辨别。

站点利用 Cookies 保存用户首选项或其他信息，信息片段以“键/值”对的形式储存。

Cookies 对象的属性包括以下 4 种：

(1)Domain：此 Cookies 与其关联的域。

(2)Expires：过期日期和时间。

(3)Name：Cookies 的名称。

(4)Value：Cookies 值。

Cookies 对象的方法有以下 5 种：

(1)Add：添加一个 Cookies 变量；

(2)Clear：清除 Cookies 集合中的变量；

(3)Get：获得 Cookies 变量值；

(4)GetKey：获取 Cookies 变量名称；

(5)Remove：删除 Cookies 变量。

【例 6】 Cookies 示例。

```
1  //利用 Response 对象设置 Cookies 的信息示例：
2  HttpCookie cookie = new HttpCookie("test");    //创建实例
3  cookie. Values. Add("Name","张三");             //添加信息
4  Response. Cookies. Add(cookie);
5  //使用 Request 对象获取 Cookies 的信息取得信息示例：
```

6	HttpCookie cookie1 = Request. Cookies["test"];
7	if (cookie1 ! = null) //判断 cookie1 是否为空
8	{string name = cookie1. Values["Name"]; }
9	//删除 Cookie 示例:
10	HttpCookie cookie = new HttpCookie("test");
11	cookie. Expires = DateTime. Now. AddDays(-1);
12	Response. Cookies. Add(cookie);

3) Session 对象

Session 对象实际上操作 System. Web 命名空间中的 HttpSessionState 类。Session 对象可以为每个用户的会话存储信息。Session 对象中的信息只能被用户自己使用，而不能被网站的其他用户访问，因此可以在不同的页面间共享数据，但是不能在用户间共享数据。利用 Session 进行状态管理是 ASP. NET 的一个显著特点，该项功能允许程序员把任何类型的数据存储在服务器上。

Session 对象的功能和 Application 对象一样，都是用于记录存储网页程序的变量或对象。但与 Application 对象不同的是，Session 对象为某一用户私有并且有生存期。从一个用户开始访问某个特定的网页起，到用户离开为止，服务器分配给用户一个 Session 对象，用来存储该用户的信息。用户在应用程序的页面之间切换时，存储在 Session 对象中的变量不会被清除，而用户在应用程序中访问页面时，这些变量始终存在。Session 对象实际上是服务器与客户的"会话"。在默认的情况下，如果用户在 20 分钟内没有再次访问同一网络，则与该站点建立的 Session 对象将自动释放。

主要属性与方法如下：

(1) Count：获取会话状态下 Session 对象个数。

(2) TimeOutSession：对象的生存周期。

(3) SessionID：用于标识会话的唯一编号。

(4) Session_OnStart：事件在创建一个 Session 时被触发。

(5) Session_OnEnd：事件在用户 Session 结束时被调用。

(6) Session 对象使用：在 Session 存储一个 DataSet 的示例：

```
Session[ "DataSet" ] =DataSet;
```

(7) 从 Session 里取得该 DataSet：

```
dataset = (DataSet) Session[ "DataSet" ];
```

Session 对象是整个应用程序的一个全局变量。

在以下情况下，Session 对象可能会丢失：①用户关闭浏览器或重启浏览器；②Session过期；③程序员利用代码结束当前 Session。

四、个性化网站设计

1. 网站导航

每一个网站都是由若干个网页组成的。这些网页都有逻辑上的关联，将不同的网站划分成各种类别。将网站分组为不同的逻辑类别就称为网站结构。

网站导航就像公路上的路牌一样，告知用户在网站中所处的位置以及如何方便快捷找到自己需要的信息。首先通过一个 XML 文件定义网站地图，然后通过导航控件将网站的结构转换为导航用户界面。

目前，常用的导航工具有三种，分别是 SiteMapPath、TreeView 和 Menu 控件。

(1)SiteMapPath：提供面包条导航栏。

(2)TreeView：提供网站结构的树形视图。

(3)Menu：提供与树形视图相同的数据，由菜单项和子菜单组成。

【例 7】 使用网站地图定义网站的结构。网站地图文件名是 Web. sitemap：

```
<? xml version="1.0" encoding="utf-8" ? >
  <siteMap xmlns="http://schemas.microsoft.com/.." >
      <siteMapNode url="" title=""  description="">
      <siteMapNode url="" title=""  description="" />
  </siteMapNode>
</siteMap>
```

每个站点地图中有多个节点，节点具有三个属性：①url 属性：节点调用网页的 URL；②title 属性：表示该节点的标志；③description 属性：作为智能提示的字符串。

2. 母版页

母版页是特殊的 ASP. NET 网页，扩展名为 . master。通过 ContentPlaceHolder 控件指定母版页中定制的区域。可通过添加新的 Web 窗体时选中“选择母版页”复选框的方法来继承母版页。

使用母版页的步骤如下：①创建一个网站；②向该网站添加一个母版页；③添加基于母版页的内容页。

【例 8】 母版页。

```
1  <%@ Master Language="C#" AutoEventWireup="true"
2  CodeFile="MasterPage.master.cs" Inherits="MasterPage" %>.....
3  <head runat="server">  ......</head>
4  <body>
5      <form id="form1" runat="server">
```

```
6          <div>
7              <asp:ContentPlaceHolder id="ContentPlaceHolder1" runat="server">
8              </asp:ContentPlaceHolder>
9          </div>
10         </form>
11     </body>
12     </html>
```

3. 主题与皮肤

主题是外观的一个集合。外观是描述控件该如何呈现(包括 CSS 属性、图片，以及色彩等)。

控件属性设置的顺序如下：①应用样式表主题的属性；②根据控件中的属性重载当前属性；③根据自定义主题重载当前属性。

【例 9】编辑皮肤文件。

编辑皮肤文件

BlueTheme：Skin1.skin

```
<asp: Image runat="server" SkinId="MainTheme" ImageUrl="~/images/Blue.jpg"/>
<asp: Button SkinId="BlueTheme" runat="server" />
<asp: Button SkinId="PinkTheme" runat="server" />
```

编辑 CSS 文件

BlueTheme：Stylesheet1.css

```
body
{   background: blue }
```

五、案例实训

【例 10】在 PostgreSQL 数据库中建立数据表，用于储存卫星数据的精密星历，设计 ASPX 页面，插入和显示精密星历。

1. PostgreSQL 数据库设计

PostgreSQL 是一个免费的对象-关系数据库管理系统，下载网址：https://www.enterprisedb.com/downloads/postgres-postgresql-downloads，如图 9.6 所示。

PostgreSQL 安装过程比较容易，在安装时提供了安装选项，以及数据库密码选项，如图 9.7 所示。

PostgreSQL 安装完成后，打开 pgAdmin4，进行数据库的创建与管理，首次打开时，

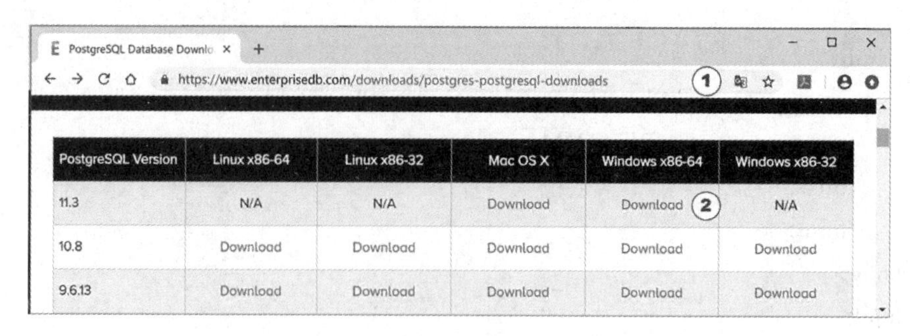

图 9.6　PostgreSQL 软件下载

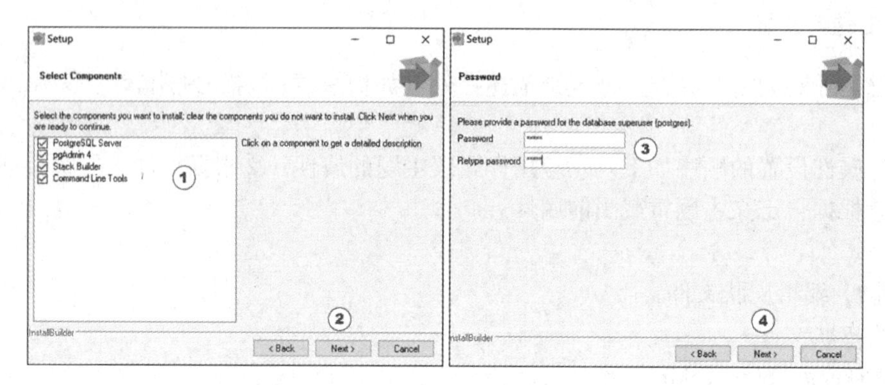

图 9.7　PostgreSQL 软件安装

需要输入数据库的密码。如图 9.8 所示，右击如①所示 PostgreSQL11，在弹出的对话框中选择“Create”菜单，再选择“Database”菜单，然后在“Create-Database”中输入数据库名称(如④所示 Orbit)，然后保存。

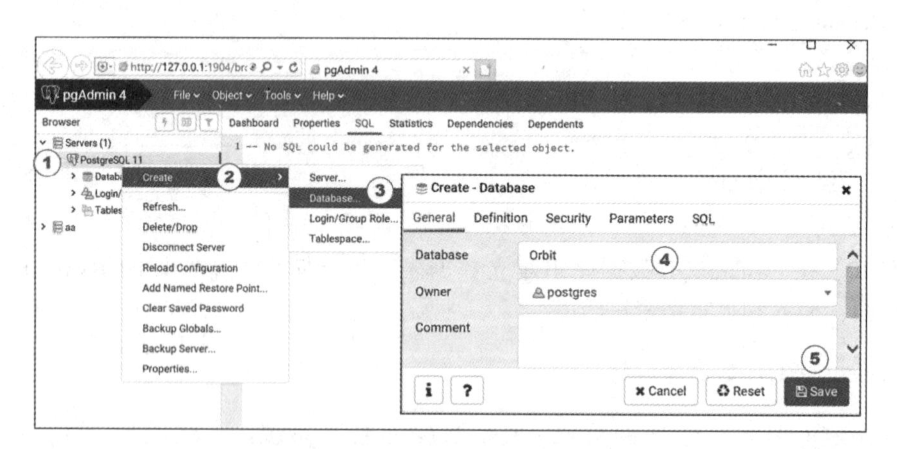

图 9.8　利用 pgAdmin4 创建数据库

如图 9.9 所示，单击数据库名称(如①所示的 Orbit)展开树状目录，然后右击“Schemas”下的“Tables”选项(如③所示)，选择“Create”和“Tables...”(如④、⑤所示)。

在“Create-Table”对话框中，进行表名称和列的创建，在如⑥所示的“General”选项下，创建表名(如 sp3)。然后选择如⑦所示的“Columns”，进行表的列名称和类型设计，如图 9.9 中⑧至⑪所示，然后单击“Save”，完成表的创建。

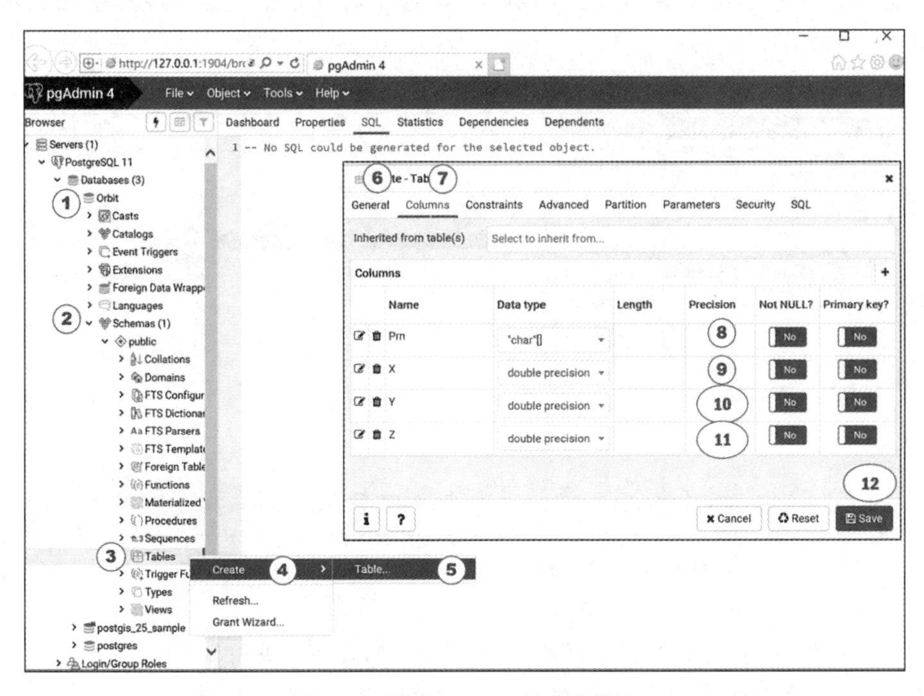

图 9.9　利用 pgAdmin 创建数据表

2. 建立 ASP. NET 网站，访问数据设计

为了访问 PostgreSQL 数据库，需要从 pgfoundry 网站下载 Npgsql .Net Data Provider for Postgresql 的组件。访问 URL：http：//pgfoundry. org/，下载相应的文件，如图 9. 10 所示，下载“Npgsql-2. 2. 3-net45. zip”，下载后解压，在目录下找到 Npgsql. dll 文件供项目开发用。

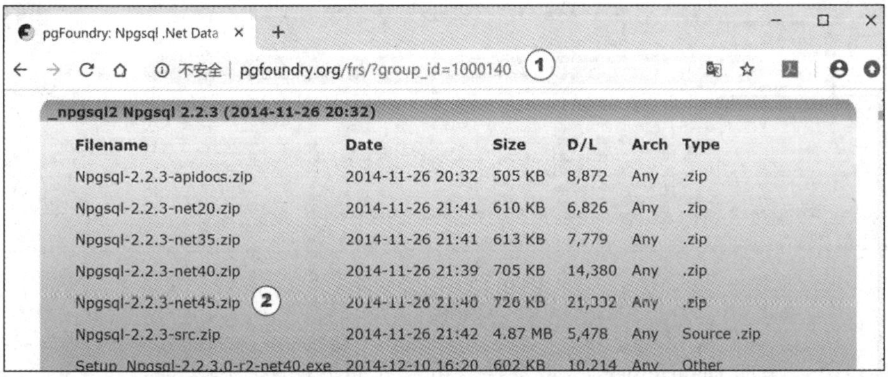

pgFoundry: Npgsql .Net Data

不安全 | pgfoundry.org/frs/?group_id=1000140 ①

_npgsql2 Npgsql 2.2.3 (2014-11-26 20:32)

Filename	Date	Size	D/L	Arch	Type
Npgsql-2.2.3-apidocs.zip	2014-11-26 20:32	505 KB	8,872	Any	.zip
Npgsql-2.2.3-net20.zip	2014-11-26 21:41	610 KB	6,826	Any	.zip
Npgsql-2.2.3-net35.zip	2014-11-26 21:41	613 KB	7,779	Any	.zip
Npgsql-2.2.3-net40.zip	2014-11-26 21:39	705 KB	14,380	Any	.zip
Npgsql-2.2.3-net45.zip ②	2014-11-26 21:40	726 KB	21,332	Any	.zip
Npgsql-2.2.3-src.zip	2014-11-26 21:42	4.87 MB	5,478	Any	Source .zip
Setup_Npgsql-2.2.3.0-r2-net40.exe	2014-12-10 16:20	602 KB	10,214	Any	Other

图 9. 10　下载 Npgsql 文件

打开 Visual Studio 2019，创建“ASP. NET Web 应用程序(. NET Framework)”类型的项目，项目名称设置为 Chap9。

如图 9. 11 所示，右击项目下“引用”(如②处所示)，在“引用管理器”对话框中，单击“浏览”选项，在弹出的对话框中，浏览到“Npgsql. dll”文件，然后将其添加到项目引用中。

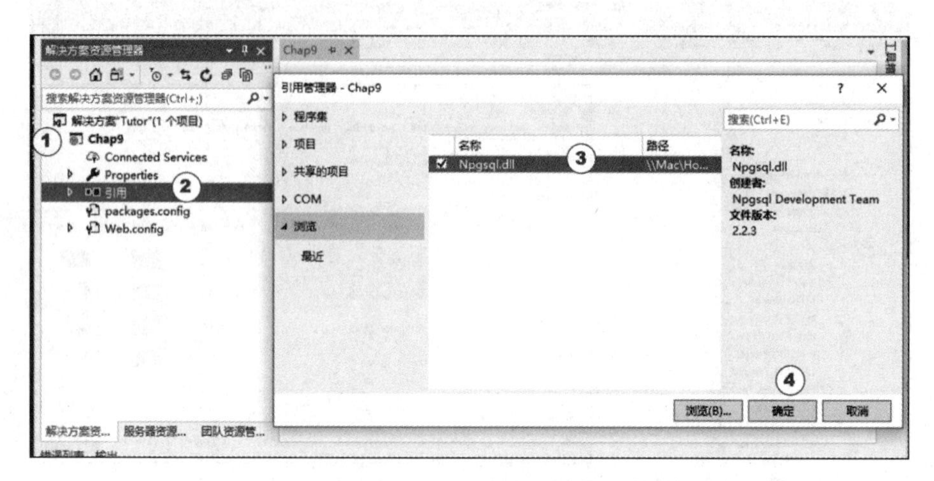

图 9. 11 在项目的“引用”下添加 Npgsql. dll 文件

在配置文件“Web. config”中，如图 9. 12 所示，加入如下语句：

<! --要访问的数据库 IP 地址、端口号、数据库名称、数据库登录名、密码-->

<connectionStrings>

<add name = " postgre" connectionString = " PORT = 5432; DATABASE = Orbit; HOST=localhost; PASSWORD=abc123; USER ID=postgres" />

</connectionStrings>

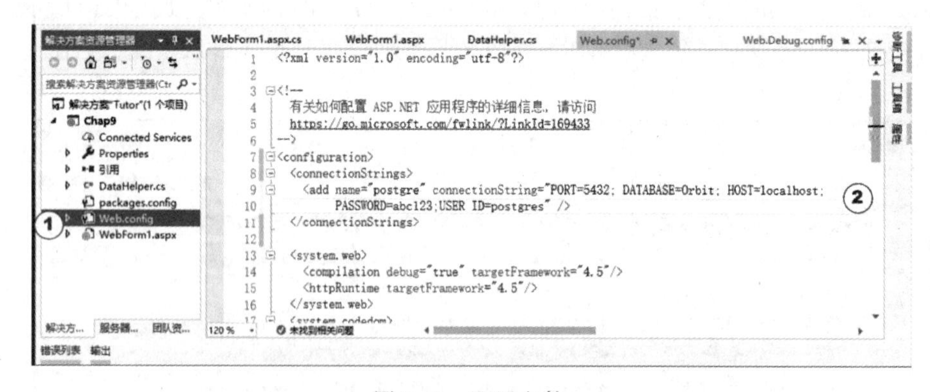

图 9. 12 配置文件

在项目下，添加 DataHelper. cs 类文件，可输入如下程序代码实现：

```
1  using System;
2  using System.Collections.Generic;
3  using System.Linq;
4  using System.Web;
5  using System.Data;
6  using System.Web.Configuration;
7  using Npgsql;
8  namespace Chap9
9  {
10     public class DataHelper
11     {
12         NpgsqlConnection SqlConn;
13         //建立连接
14         public DataHelper()
15         {
16             string conStr = WebConfigurationManager.
17 ConnectionStrings["postgre"].ConnectionString;
18             SqlConn =new NpgsqlConnection(conStr);
19         }
20         //使用 DataAdapter 查询,返回 DataSet
21         public DataSet ExecuteQuery(string sqrstr)
22         {
23             DataSet ds =new DataSet();
24             try
25             {
26                 using (NpgsqlDataAdapter sqldap = new NpgsqlDataAdapter(sqrstr,
27 SqlConn))
28                 {
29                     sqldap.Fill(ds,"Sp3");
30                 }
31                 return ds;
32             }
33             catch (Exception ex)
34             {
35                 SqlConn.Close();
36                 return ds;
37             }
```

```
38          }
39          //增删改操作
40          public int ExecuteNonQuery(string sqrstr)
41          {
42              try
43              {
44                  SqlConn.Open();
45                      using (NpgsqlCommand SqlCommand = new NpgsqlCommand
46  (sqrstr, SqlConn))
47                  {
48                      int r = SqlCommand.ExecuteNonQuery();  //执行查询
49                      SqlConn.Close();
50                      return r; //r 如果是>0 操作成功!
51                  }
52              }
53              catch (Exception ex)
54              {
55                  SqlConn.Close();
56                  return 0;
57              }
58          }
59      }
60  }
```

在项目中，添加 WebForm1. aspx 文件，然后双击该文件，打开文件视图，完成如图 9. 13 所示的用户界面设计。

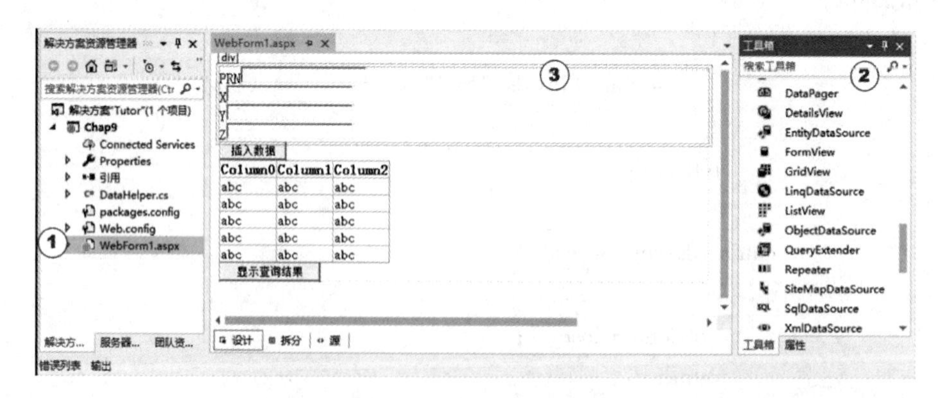

图 9. 13　用户界面设计

双击"Button1"(插入数据)和"Button2"(显示查询结果)按钮,产生 Button1_Click 和 Button2_Click 事件。完成以下程序代码:

```
1  using System;
2  using System.Collections.Generic;
3  using System.Linq;
4  using System.Web;
5  using System.Web.UI;
6  using System.Web.UI.WebControls;
7  namespace Chap9
8  {
9      public partial class WebForm1 : System.Web.UI.Page
10     {
11         protected void Page_Load(object sender, EventArgs e)
12         {
13         }
14         //插入数据操作
15         protected void Button1_Click(object sender, EventArgs e)
16         {
17             string prn = TextBox1.Text;
18             double x = Convert.ToDouble(TextBox2.Text);
19             double y = Convert.ToDouble(TextBox2.Text);
20             double z = Convert.ToDouble(TextBox2.Text);
21 
22         string sql ="INSERT INTO public.\"Sp3\"(\"Prn\",\"X\",\"Y\",\"Z
23 \") VALUES";
24             sql +=string.Format("('{0}',{1},{2},{3})",prn,x,y,z);
25 
26             DataHelper dh =new DataHelper();
27             dh.ExecuteQuery(sql);
28         }
29         //查询操作
30         protected void Button2_Click(object sender, EventArgs e)
31         {
32             string sql = "SELECT * FROM public.\"Sp3\"";
33             DataHelper dh =new DataHelper();
34             var ds = dh.ExecuteQuery(sql);
35             GridView1.DataSource = ds.Tables["Sp3"];
36             Page.DataBind();
37         }
38     }
39 }
```

运行测试，如图 9. 14 所示，进行数据插入和数据查询测试。

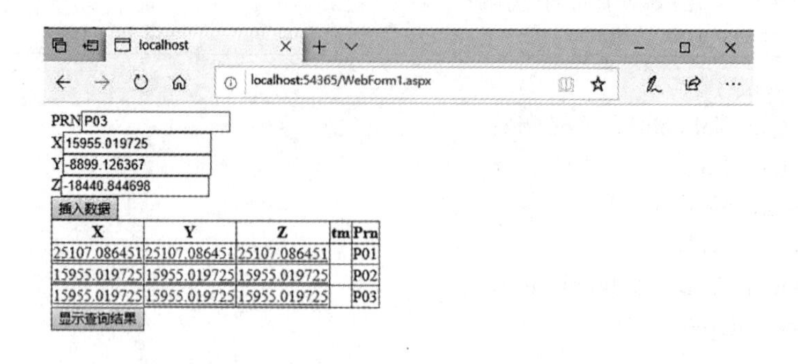

图 9. 14 运行测试

六、综合练习

1. 看视频文件“EX9-1 IIS 安装与配置 . mp4”，学习：安装 IIS 服务器、IIS 基本配置。
2. 看视频文件“EX9-2 第一个 ASP. NET 程序 . mp4”，学习：添加 WebForm 页面、认识 UI 文件和源码文件，进行简单的编程与测试。
3. 看视频文件“EX9-3 ASP. NET 数据库操作 . mp4”，学习：创建数据库、创建数据表、Web 应用程序、配置 Web. config 文件的数据库连接字符串、开发类，用于数据库中记录插入、数据查询等(中间层)、开发 Web 应用程序，实现数据的录入、显示等功能(应用层)。
4. 在 ASP. NET 代码

   <%@ Page language = " c#" Codebehind = " WebForm1. aspx. cs" AutoEventWireup = " false" Inherits = " MfirsApp. WebForm1" %>中，

   Codebehind = " WebForm1. aspx. cs" 表示__________。

   A. 页面所对应的代码文件为“WebForm1. asp. cs”

   B. 页面文件为“WebForm1. asp. cs”

   C. 页面所对应的代码文件为“MfirsApp. WebForm1. cs”

   D. 页面所对应的代码文件为“MfirsApp. WebForm1. Aspx”
5. 在 ASP. NET 中，下列关于 TagName 的描述错误的是__________。

   A. TagName 为用户控件的名称

   B. TagName 名称与 TagPrefix 标志一起，唯一标识控件的命名空间

   C. 代码“<ucl：UserControll id = " UserControlll" runat = " server" ></ucl：UserControll>”中 ucl 为 TagName 标志

   D. 要使用 TagName 确定的标志，必须先在文件中注册该标志。如代码“<% Register TagPrefix = " ucl" TagName = " UserControll" Src = " UserControll. ascx" % >”注册了 TagName 标志

6. 正则表达式 \ w+ 表示__________。

   A. 匹配 1 个或更多连续的数字　　　　B. 匹配多个文字

   C. 匹配 1 个或更多连续的文字　　　　D. 匹配多个数字

7. 在标准服务器控件中，什么属性可用于添加 C#方法？__________

   A. OnClientClick　　　　B. OnClick

   C. PostBackUrl　　　　D. Text

8. 如何获得客户端浏览器的名称？__________

   A. client. navName　　　B. navigator. appName　　　C. browser. name

9. 为了验证用户输入是否为合法的 Email 地址，最好采用__________验证控件。

   A. RequiredFieldValidator　　　　B. RangValidator

   C. RegularExpressionValidator

10. 用于绑定控件的表达式置于__________标记之间。

   A. <%#. . . . . . %>　　　B. <% @ . . . . . . %>　　　C. <% $ . . . . . . %>

11. APS. NET 编程题。

上图是一个 ASPX 的 Web 页面，相应的部分源码为：

```
<body>
    <form id="form1" runat="server">
    <div>
            数字 1：
        <asp：TextBox ID="TextBox1" runat="server"></asp：TextBox>
        <asp：RegularExpressionValidator ID="Validator1" runat="server" ErrorMessage=
"RegularExpressionValidator"></asp：RegularExpressionValidator>
        <br />
        数字 2：<
        asp：TextBox ID="TextBox2" runat="server"></asp：TextBox>
            < asp：RangeValidator ID = " Validator2" runat = " server" ErrorMessage =
"RangeValidator"></asp：RangeValidator>
        <br />
        <asp：Button ID="Button1" runat="server" Text="求和" OnClick="Button1_
Click" />
        <br />
        <asp：Label ID="Label1" runat="server" Text="计算结果"></asp：Label>
```

```
    </div>
  </form>
</body>
```

(1)请叙述如何应用 Validator1 对 TextBox1 中数字进行验证？并写出相应的正则表达式。

(2)TextBox2 中的取值范围在 50 到 150 之间，请叙述如何应用 Validator2 和 TextBox2 中数字进行验证。

(3)为"Button1"按钮添加 Button1_ Click 函数代码，使"TextBox1"，" TextBox2"的计算结果信息显示在 Label1 的标签中。

二、基础篇

负责人：邹进贵

目标：学会编写基础测绘程序。

知识点：(1)文件读写；(2)简单测绘算法实现。

题量：第10~18章单人2小时完成，第19~21章单人4小时完成。

用途：(1)测绘程序教学、实习；(2)研究生复试、夏令营考试。

第 10 章　出租车轨迹数据计算

（作者：李英冰、杨潘丰，主题分类：地理信息）

出租车轨迹数据蕴含着经济文化分布、城市交通状态、人群流动、居民生活方式等信息。利用轨迹数据进行道路提取、人群行为建模、司机驾驶水平分析等研究，能有效提高城市的智能化管理水平。

图 10.1 是某次出租车的轨迹示意图。针对出租车数据，要求实现时间转换、速度计算、方位角计算、距离计算等功能。

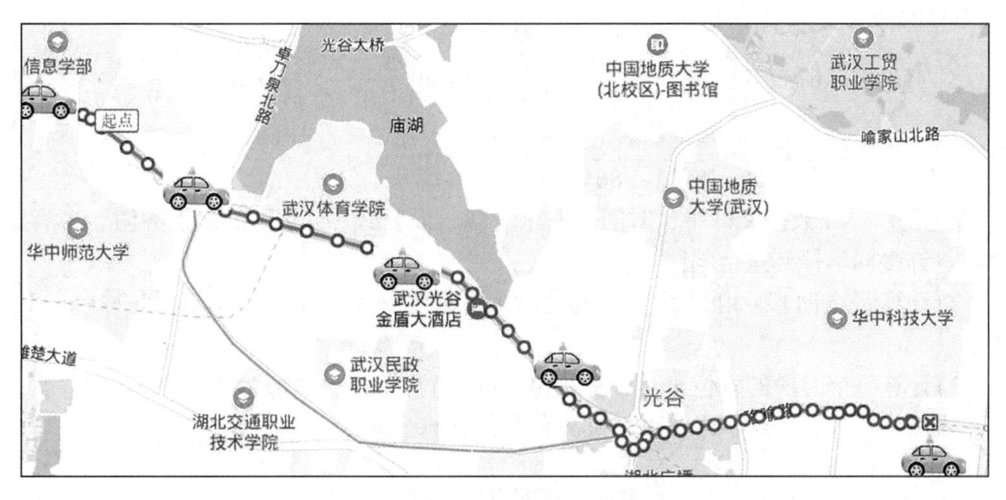

图 10.1　武汉大学到华中科技大学出租车轨迹图

一、数据文件读取

编写程序读取“出租车数据 . txt”文件，数据内容如表 10-1 所示。数据项及顺序为：车辆标识(2 个字符)，运营状态(0=空车，1=载客，2=驻车，3=停运，4=其他)，北京时间(YYYYMMDDHHNNSS，YYYY 表示年，MM 表示月，DD 表示日，HH 表示小时，NN 表示分，SS 表示秒)，x 坐标分量(以米为单位)，y 坐标分量(以米为单位)。数据项之间用逗号分隔。

表 10-1 **数据内容说明**

车辆标识,运营状态,北京时间,x,y
T2,0,20170706123247,4406023.008,522527.941
T2,0,20170706123340,4404760.859,522966.967
T2,0,20170706123434,4404320.939,524120.696
……
(详见"出租车数据.txt"数据文件)

二、算法实现

针对 T2 车辆的数据，完成以下算法：

(1)将时间转换为简化儒略日格式。

由公历的年(Y)、月(M)、日(D)、时(h，世界时的小时数)、分(N)、秒(S)计算简化儒略日的公式为：

$$MJD = -678987 + 367 \times Y - \mathrm{int}\left\{\frac{7}{4}\left[Y + \mathrm{int}\left(\frac{M+9}{12}\right)\right]\right\} + \mathrm{int}\left(\frac{275 \times M}{9}\right) + D + \frac{h}{24} + \frac{N}{1440} + \frac{S}{86400} \tag{1}$$

特别提示：在数据文件中，时间是北京时间，而公式(1)给出的是世界时，二者相差 8 小时，许多同学掉到这个陷阱里。

(2)计算每个时段(相邻 2 个历元之间)的速度，计算结果以公里/小时(km/h)为单位。

(3)计算每个时段的方位角，计算结果以度(°)为单位，取值为 0°至 360°。

已知 $A(x_A, y_A)$、$B(x_B, y_B)$，其方位角的计算公式为：

$$\alpha_{AB} = \arctan\left(\frac{y_B - y_A}{x_B - x_A}\right) \tag{2}$$

坐标方位角取值如表 10-2 所示。

表 10-2 **坐标方位角取值方式**

Δy_{AB}	Δx_{AB}	方位角
+ 或 -	-	$180° + \alpha_{AB}$
+ 或 -	+	α_{AB}
>0	0	90°
<0	0	270°

若 $\alpha_{AB} < 0$，则 $\alpha_{AB} = \alpha_{AB} + 360°$；若 $\alpha_{AB} > 360°$，则 $\alpha_{AB} = \alpha_{AB} - 360°$。

(4)计算累积距离、开始点和终止点之间的直线距离，计算结果以千米(km)为单位。

三、计算结果报告

针对车辆标识为 T2 的数据，依次计算每个时段的速度、方位角，输出以下格式的计算结果。

(1)速度和方位角计算结果：

时段序号；时段开始时间(儒略历格式，保留 5 位小数)-时段结束时间(儒略历格式，保留 5 位小数)速度(km/h，保留 3 位小数)；方位角(°，保留 3 位小数)……

(2)距离计算结果：

累计距离：以千米为单位，保留 3 位小数；

首尾直线距离：以千米为单位，保留 3 位小数。

四、源程序与参考答案

在“https：//github. com/ybli/bookcode/tree/master/Part1-ch01/”目录下给出了参考源程序、测试数据和可执行文件。

1. 源程序说明

参考源程序编程语言为 C#，项目名称为 TaxiData。项目中主要包含以下类：

(1)FileHelper：源文件读取，以及计算结果输出；

(2)Epoch. cs：基本数据结构，包含车辆标识、运营状态、时间、x 坐标分量、y 坐标分量等信息；

(3)Algo. cs：时间转化为简化儒略日算法；

(4)Session. cs：计算每个时段的长度、速度和方位角；

(5)SessionList. cs：输出所有时段的速度、方位角、累计距离和首尾直线距离。

2. 参考答案说明

在“运行程序与数据”目录下，给出了“出租车数据 1. txt”和“出租车数据 2. txt”两个文件。“出租车数据 1. txt”只包含车辆标识为 T2 的数据，相应的计算成果文件为“计算成果 1. txt”。“出租车数据 2. txt”包含车辆标识为 T1 和 T2 的数据，相应的计算成果文件为“计算成果 2. txt”。

图 10. 2 是用户界面示例，用以显示打开文件的内容、计算成果和保存相关内容。

3. 说明

本章内容源于 2017 年武汉大学测绘学院夏令营编程测试。共有 144 名同学参加测试。

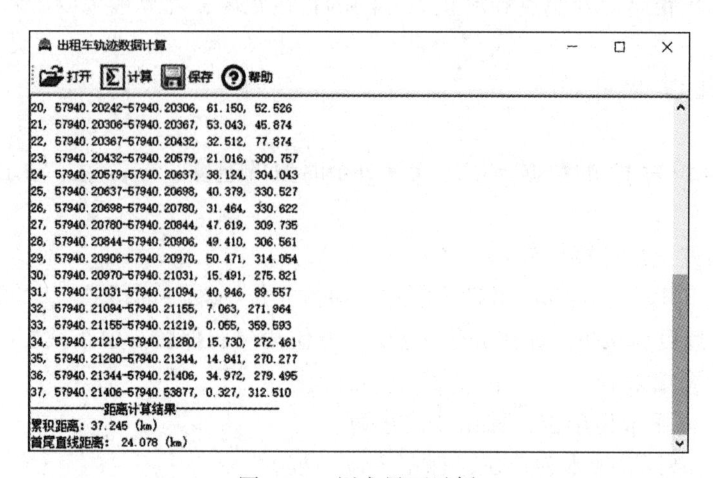
出租车轨迹数据计算
打开
计算
保存
帮助
20, 57940.20242-57940.20306, 61.150, 52.526
21, 57940.20306-57940.20367, 53.043, 45.874
22, 57940.20367-57940.20432, 32.512, 77.874
23, 57940.20432-57940.20579, 21.016, 300.757
24, 57940.20579-57940.20637, 38.124, 304.043
25, 57940.20637-57940.20698, 40.379, 330.527
26, 57940.20698-57940.20780, 31.464, 330.622
27, 57940.20780-57940.20844, 47.619, 309.735
28, 57940.20844-57940.20906, 49.410, 306.561
29, 57940.20906-57940.20970, 50.471, 314.054
30, 57940.20970-57940.21031, 15.491, 275.821
31, 57940.21031-57940.21094, 40.946, 89.557
32, 57940.21094-57940.21155, 7.063, 271.964
33, 57940.21155-57940.21219, 0.055, 359.593
34, 57940.21219-57940.21280, 15.730, 272.461
35, 57940.21280-57940.21344, 14.841, 270.277
36, 57940.21344-57940.21406, 34.972, 279.495
37, 57940.21406-57940.53877, 0.327, 312.510
距离计算结果
累积距离: 37.245 (km)
首尾直线距离: 24.078 (km)

图 10.2　用户界面示例

第 11 章　反距离加权插值

（作者：李英冰、韩佳伟，主题分类：地理信息）

Tobler 于 1970 年提出地理学第一定律（空间相关性定律）：任何事物都相关，相近的空间相关性更大。反距离加权插值（Inverse Distance Weighted，IDW）是该定律的具体体现，这个空间插值算法的基本思想是：每个采样点对插值结果的影响随距离增加而减弱。

如图 11.1 所示，P_1，…，P_n 是已知点，Q 点高程未知。可以通过计算 P_i 到 Q 点之间的平面距离 d_i，利用 IDW 算法，内插出 Q 点的高程。

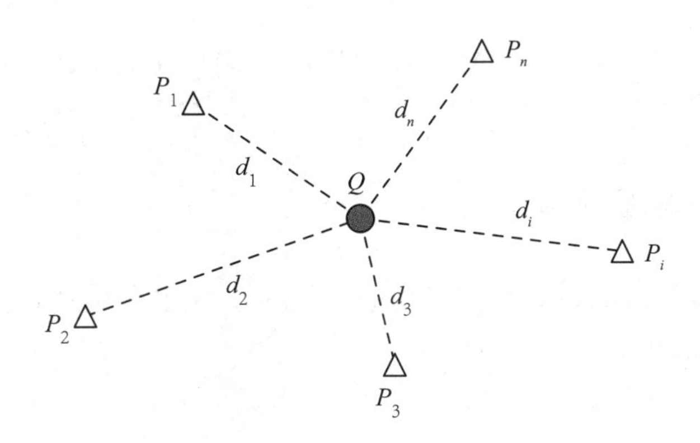

图 11.1　反距离加权插值示例图

一、数据文件读取

编写程序读取“测站坐标 . txt”文件，数据内容如表 11-1 所示。数据格式为“点名，X 坐标分量(m)，Y 坐标分量(m)，高程(m)”。

表 11-1　**数据内容**

点名,X 坐标分量(m),Y 坐标分量(m),高程(m)
P01,4302.047,3602.652,10.804
P02,4305.768,3598.683,10.855
……
详见“测站坐标 . txt”数据文件

二、算法实现

(1)将测站按照到待插值点的距离，由小到大排序。距离计算公式为：

$$S_{iQ} = \sqrt{(X_i - X_Q)^2 + (Y_i - Y_Q)^2} \tag{1}$$

(2)利用IDW计算插值点的高程，选取距离待插值点最近的n个点参与计算，计算公式为：

$$H_Q = \frac{\sum_{i=1}^{n} H_i \frac{1}{S_{iQ}}}{\sum_{i=1}^{n} \frac{1}{S_{iQ}}} \tag{2}$$

三、计算结果报告

取$n=5$，输出$Q1$(4310，3600)、$Q2$(4330，3600)、$Q3$(4310，3620)和$Q4$(4330，3620)的插值计算结果。

四、源程序与参考答案

在"https：//github. com/ybli/bookcode/tree/master/Part1-ch02/"目录下给出了参考源程序、测试数据和可执行文件。

1. 源程序说明

参考源程序编程语言为C#，项目名称为IDW。项目中主要包含以下类：

(1)Algo：实现插值等算法；

(2)DataEntity：点数组；

(3)FileHelper：文件读取、输出等操作；

(4)point：数据结构，包含点的ID，X，Y，H等。

2. 参考答案说明

在目录"运行程序与数据"下有测试数据文件"测站坐标 . txt"及相应的参考结果文件"运行结果 . txt"。

使用时，运行程序"IDW. exe"，打开数据文件"测站坐标 . txt"。点击计算，显示插值点的数据插值计算结果以及参与插值的点列表，如图11.2所示。点击保存按钮，可以将计算结果保存为TXT文件。

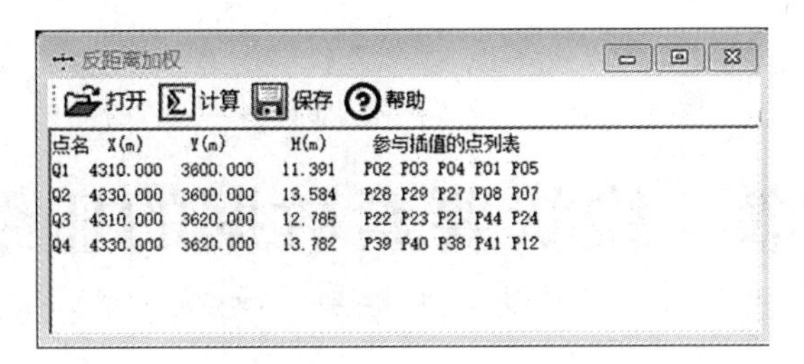
反距离加权
打开
计算
保存
帮助
点名 X(m) Y(m) H(m) 参与插值的点列表
Q1 4310.000 3600.000 11.391 P02 P03 P04 P01 P05
Q2 4330.000 3600.000 13.584 P28 P29 P27 P08 P07
Q3 4310.000 3620.000 12.785 P22 P23 P21 P44 P24
Q4 4330.000 3620.000 13.782 P39 P40 P38 P41 P12

图 11.2　计算结果示例

第 12 章　线状要素数据的压缩算法

（作者：马明舟，主题分类：地理信息）

道格拉斯-普克（Douglas-Peucker）算法是实现线状要素集合图形数据化简和动态轨迹数据压缩的常用方法。该算法的原始类型分别由 Ramer U 于 1972 年以及 Douglas D 和 Peucker T 于 1973 年提出，并在之后的数十年中由其他学者予以完善。

如图 12.1 所示，在二维空间中将曲线作为一系列有序特征点连接所构成的数据集合，在保证要素几何空间特征的基础上，通过压缩特征点数目，实现图形化简和数据压缩。

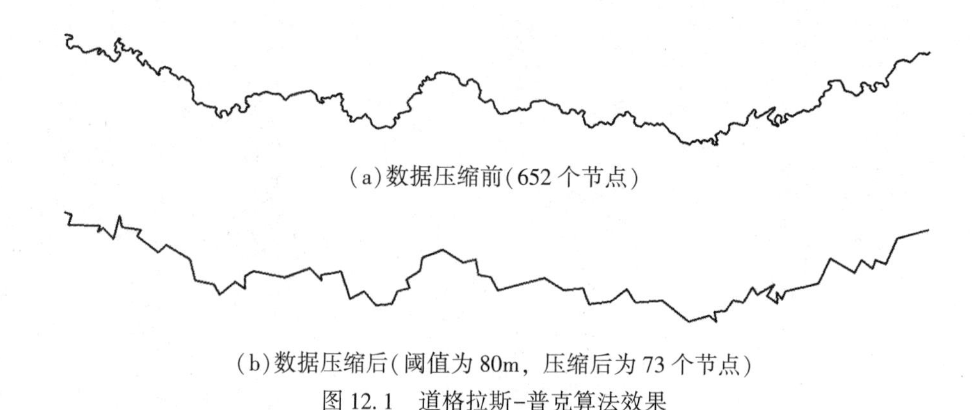

(a)数据压缩前(652 个节点)

(b)数据压缩后(阈值为 80m，压缩后为 73 个节点)

图 12.1　道格拉斯-普克算法效果

一、数据文件读取

编写程序读取“原始数据 . txt”文件，数据内容如表 12-1 所示，数据项及顺序为：

表 12-1　**原始数据格式**

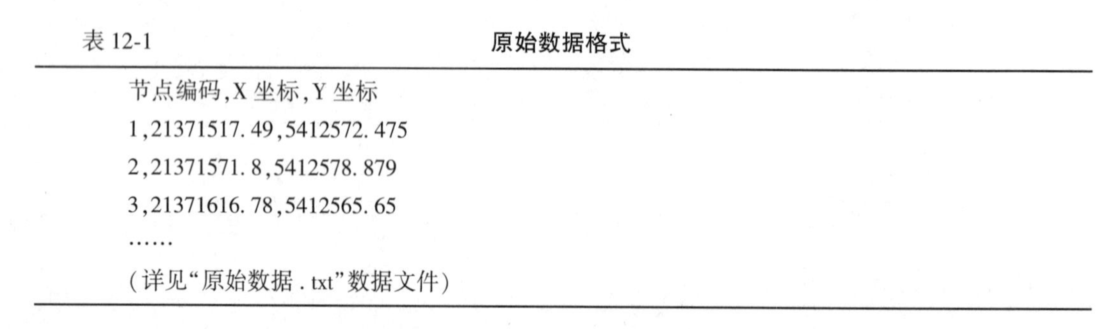

节点编码,X 坐标,Y 坐标
1,21371517. 49,5412572. 475
2,21371571. 8,5412578. 879
3,21371616. 78,5412565. 65
……
(详见“原始数据 . txt”数据文件)

二、算法实现

1. Douglas-Peucker 算法过程

一条曲线由 n 个点连接而成，曲线上各点依次用 P_0，P_1，P_2，…，P_n来表示。

(1)将曲线的首尾连接成一条直线段 P_0P_n；

(2)依次计算首尾点之间各特征点到该直线的距离，并找出距离最大的点 P_i(待定分割点)；

(3)比较该点的距离 D_{max}与阈值 D'的大小，根据判断结果作如下处理：

若 $D_{max}<D'$，则该直线段作为曲线的近似(即用直线段代替曲线)，该段曲线处理完毕，P_i为该曲线的一个分割点；若 $D_{max}\geqslant D'$，则用 P_i将曲线分为两段 P_0P_i和 P_iP_n，对新拆分的曲线重复进行(1)~(3)的处理；

(4)当所有曲线都处理完毕时，依次连接各个分割点形成的折线，即可以作为曲线的近似。

2. 点到线段的垂直距离计算公式

设线段起点为 $P_0(x_0, y_0)$，线段终点为 $P_n(x_n, y_n)$，则 $P_i(x_i, y_i)$到 P_0P_n的垂直距离可按如下过程计算：

(1)计算 P_0P_n、P_0P_i、P_iP_n的长度 L_{0n}、L_{0i}、L_{in}。其中 $P_i(x_i, y_i)$到 $P_j(x_j, y_j)$的距离为：

$$L_{ij}=\sqrt{(x_j-x_i)^2+(y_j-y_i)^2} \tag{1}$$

(2)计算 P_0、P_i、P_n所构成的三角形的半周长 P：

$$P=\frac{L_{0i}+L_{in}+L_{0n}}{2} \tag{2}$$

(3)计算 P_0、P_i、P_n所构成的三角形的面积 S：

$$S=\sqrt{P(P-L_{0i})(P-L_{in})(P-L_{0n})} \tag{3}$$

(4)计算 P_i到 P_0P_n边的距离 D：

$$D=2\times\frac{S}{L_{0n}} \tag{4}$$

三、计算结果报告

编程输出阈值为50m、80m和100m时，原始数据化简(压缩)的效果。

四、源程序与参考答案

在“https：//github. com/ybli/bookcode/tree/master/Part1-ch03/”目录下给出了参考源

程序、测试数据和可执行文件。

1. 源程序说明

编程语言为 C#，参考源程序开发环境为 Visual Studio 2010(C#语言)。项目名称为 DP_Algorithm。项目中主要包含以下主要部分：

(1)Main program. cs：主程序；

(2)Pnt. cs：节点数据结构，包含点的 ID，X，Y，Dis(距离)等。

2. 参考答案说明

在目录“运行程序与数据”下，有测试数据文件“原始数据 . txt”及相应的参考结果文件“运行结果 . txt”。

使用时，运行程序“DP_ Algorithm. exe”，打开数据文件“原始数据 . txt”，在表格中显示线状要素的节点数据。点击计算，显示压缩计算的结果，如图 12. 2 所示。点击保存，可以将压缩计算的节点数据保存为 TXT 文件。

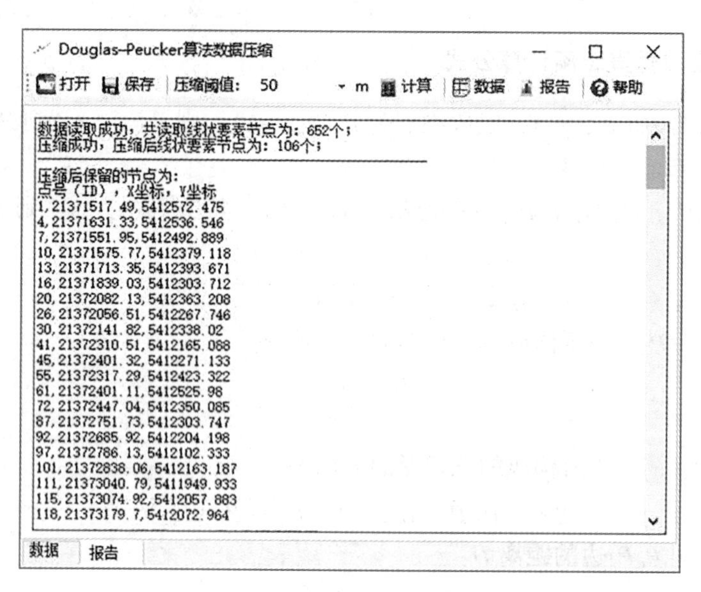

图 12. 2　压缩计算结果

第 13 章　最短路径计算

（作者：李英冰、杨潘丰，主题分类：地理信息）

最短路径计算是无人驾驶的重要算法之一，通过给定起始点与目标点，结合道路网络制定最优出行方案(时间最短或距离最短)。日常生活中也需要进行大量最短路径查询，如外出旅游、物流规划，交通模拟等。

迪杰斯特拉（Dijkstra)是典型的单源最短路径算法，用于计算某节点到其他节点的最短路径。图 13.1 是带权有向图，设为 $G=(V, E)$，图中的顶点集合为{武大，地大，华科，光谷，图书城}，线上所标注的为相邻线段之间车辆行驶时间，即权重。请用 Dijkstra 算法求武大到各顶点的最短路径。

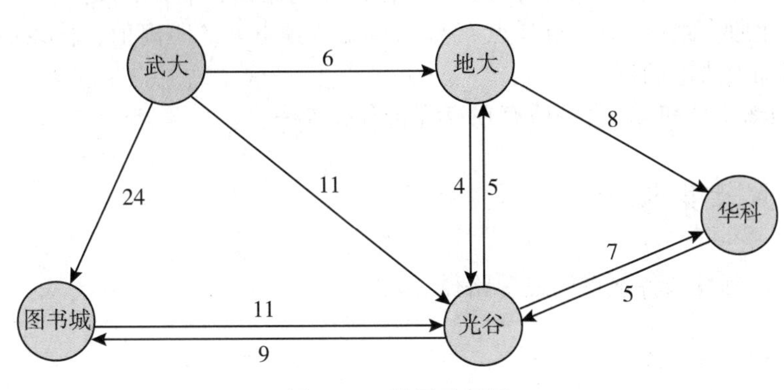

图 13.1　路网示意图

一、数据文件读取

编写程序读取“路径数据 . txt”文件，数据内容和格式说明如表 13-1 所示，每 1 行是 1 条有向线段，格式为“起点，终点，权值”。

表 13-1　**数据内容和格式说明**

数据内容	格式说明
武大,地大,6 武大,光谷,11 …… (详见“路径数据 . txt”文件)	起点,终点,权重

二、算法实现

1. 算法思想

设 $G=(V, E)$ 是带权有向图，把顶点集合 V 分成 2 组，第 1 组为已求出最短路径的顶点集合(用 S 表示)，第 2 组为待定顶点集合(用 U 表示)。按最短路径长度的递增次序，依次把 U 中的顶点加入 S 中。

2. 算法步骤

(1)初始时，S 仅包含 1 个源点，即 $S=\{v\}$，v 的距离为 0。U 包含除 v 外的其他顶点，即 $U=\{$其余顶点$\}$，若 v 与 U 中顶点 u 有边，则 $<u, v>$ 正常有权值，若 u 不是 v 的边邻接点，则 $<u, v>$ 权值为 ∞。

(2)从 U 中选取 1 个距离 v 最小的顶点 k，把 k 加入到 S 中(该选定的距离是 v 到 k 的最短路径长度)。

(3)以 k 为新考虑的中间点，修改 U 中各顶点的距离；若从源点 v 到顶点 u 的距离(经过顶点 k)比原来距离(不经过顶点 k)短，则修改顶点 u 的距离值，修改后的距离值的顶点 k 的距离加上边上的权。

(4)重复步骤(2)和(3)直到所有顶点都包含在 S 中。

三、计算结果报告

输出“武大”到其余各顶点的最短路径。

四、源程序与参考答案

在“https：//github. com/ybli/bookcode/tree/master/Part1-ch04/”目录下给出了参考源程序、测试数据和可执行文件。

1. 源程序说明

源码项目名称为 ShortPath，主要类的说明如下：

(1) Algo. cs：最短路径算法的实现；

(2) Edge. cs：对边的定义，一条边由开始顶点、结束顶点以及边长组成；

(3) Vertex. cs：对顶点的定义；

(4) Graph. cs：定义由边和点组成的图。

2. 参考答案说明

数据和可执行文件地址为“https：//github. com/ybli/bookcode/tree/master/Part1-Ch04/运行程序与数据”。

路径数据：给定每一条有向线段的起点、终点及权重。计算成果：显示“武大”到各个顶点的最短路径计算结果。程序运行界面如图 13.2 所示，显示源数据以及最短路径计算结果。

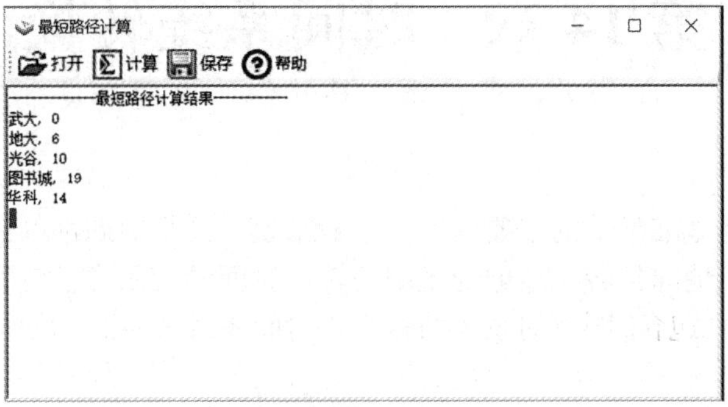

最短路径计算
打开 计算 保存 帮助
--------------最短路径计算结果--------------
武大，0
地大，6
光谷，10
图书城，19
华科，14

图 13.2　用户界面示例

第 14 章　时间系统转换

（作者：李英冰、韩佳伟，主题分类：卫星导航）

时间系统是时空基准维护的重要内容，一般来说，凡是周期性的运动都可以作为测量时间的参考，例如，地球自转、地球绕太阳公转。时间的表示方法有公历、儒略历、GPS时、世界时等多种方式，不同时间系统的转换是时间系统统一、方便计算的基础内容。

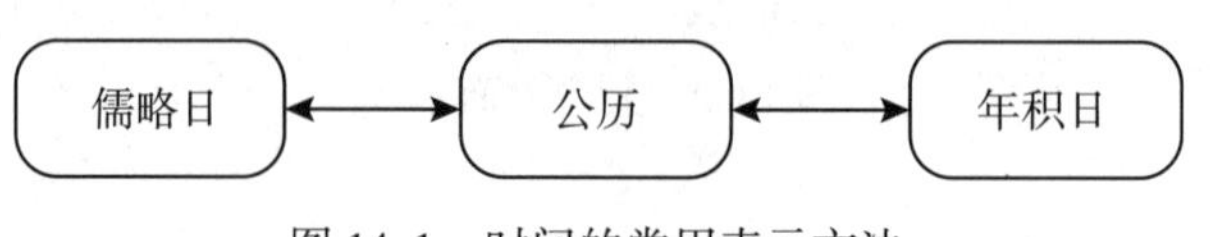

图 14.1　时间的常用表示方法

一、数据文件读取

编写程序读取“时间数据 . txt”文件，数据内容和格式如表 14-1 所示。

表 14-1　**数据文件内容**

数据内容	数据格式
2016　12　31　1　15　0. 00001 2017　1　1　7　9　0. 0 2017　6　27　18　0　0. 0 2017　6　27　18　30　58. 34510	年(*Y*) 月(*M*) 日(*D*) 时(*H*)　分(*N*)　秒(*S*)

二、算法实现

1. 公历时间转换为儒略日格式

由公历的年(Y)、月(M)、日(D)、时(H，世界时的小时数)、分(N)、秒(S)转换为儒略日(JD)的计算方法为：

$$JD = 1721013.5 + 367 \times Y - \text{int}\left\{\frac{7}{4}\left[Y + \text{int}\left(\frac{M+9}{12}\right)\right]\right\} + \text{int}\left(\frac{275 \times M}{9}\right) + D + \frac{H}{24} + \frac{N}{1440} + \frac{S}{86400} \tag{1}$$

2. 儒略日转换为公历时

由儒略日(JD)转换为公历的年(Y)、月(M)、日(D)、时(H，世界时的小时数)、分(N)、秒(S)的计算方法：

$$\begin{cases} D = b - d - \text{int}(30.6001 \times e) + \text{Frac}(Jd + 0.5) \\ M = e - 12 \times \text{int}\left(\dfrac{e}{14}\right) \\ Y = c - 4715 - \text{int}\left(\dfrac{7 + M}{10}\right) \end{cases} \tag{2}$$

式中，int 是取整操作，a、b、c、d、e 的计算方法为：

$$\begin{cases} a = \text{int}(JD + 0.5) \\ b = a + 1537 \\ c = \text{int}\left[\dfrac{b - 122.1}{365.25}\right] \\ d = \text{int}(365.25 \times c) \\ e = \text{int}\left(\dfrac{b - d}{30.600}\right) \end{cases} \tag{3}$$

3. 年积日计算

年积日是仅在一年中使用的连续计时法，每年 1 月 1 日为第 1 日，2 月 1 日为第 2 日，依次类推。

4. 计算“三天打鱼两天晒网”

设从 2016 年 1 月 1 日开始三天打鱼两天晒网，计算指定时间是在打鱼还是在晒网。

三、计算结果报告

编程输出计算结果，分析结果报告的格式如下：

-------JD-----------
(源数据的四个儒略日时间)

-------公历(年 月 日 时：分：秒)----------
(源数据的四个公历时间)

-------年积日----------
(源数据的四个年积日时间表达)

-------三天打鱼两天晒网----------
(时间，打鱼日/晒网日)

四、源程序及参考答案

在“https://github.com/ybli/bookcode/tree/master/Part1-ch05/”目录下给出了参考源程序、测试数据和可执行文件。

1. 源程序说明

(1)FileHelper：源文件读取，以及计算结果输出；
(2)Algo.cs：对数据进行时间转换，打鱼日/晒网日的具体算法；
(3)Time.cs：定义时间的年月日，儒略日等多种表达形式和相关转换方法。

2. 参考答案说明

数据文件和可执行文件在“运行程序和数据”目录下。运行程序，打开数据文件“时间数据.txt”，点击计算，显示 JD、公历、年积日以及“三天打鱼两天晒网”计算结果如图 14.2 所示，点击保存，可以将计算结果保存为 TXT 文件。

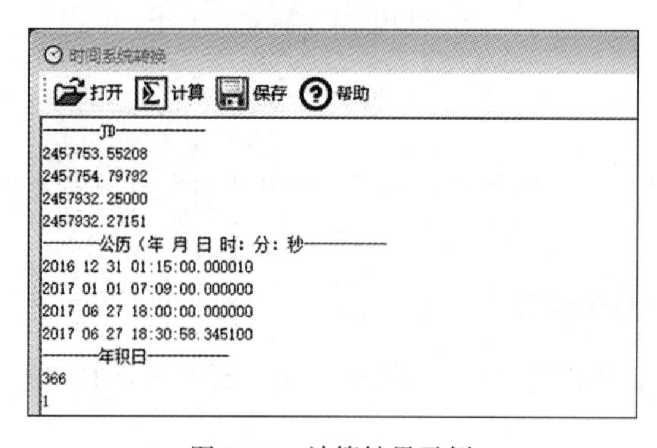

图 14.2　计算结果示例

第15章　面积计算

（作者：李英冰，主题分类：地籍测量）

在一次土地调查时，为了获取一个地块的土地面积，测量了如图15.1所示地块边界的$A\sim H$共8个特征点，可以形成1~6共6个三角形，编程计算该地块的面积。

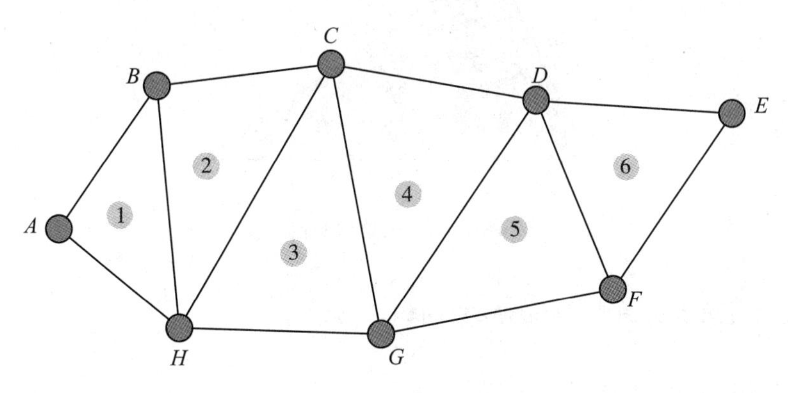

图15.1　所测地块示意图

一、数据文件读取

编写程序读取“coord.txt”文件，数据内容如下所示：

```
点名,x(m),y(m)
A,1213.045,1040.663
B,1401.734,1143.376
C,1434.466,1331.594
D,1385.811,1549.016
E,1351.343,1757.744
F,1119.667,1629.719
G,1064.57,1360.432
H,1072.567,1170.905
```

二、算法实现

(1)计算三角形 1 至三角形 6 的每条边的边长(忽略高程的影响);
(2)计算三角形 1 至三角形 6 的面积;
三角形 3 条边分别为 a、b 和 c,如图 15.2 所示,面积计算公式为:

$$\text{area} = \sqrt{s(s-a)(s-b)(s-c)} \tag{1}$$

其中:$s = (a+b+c)/2$

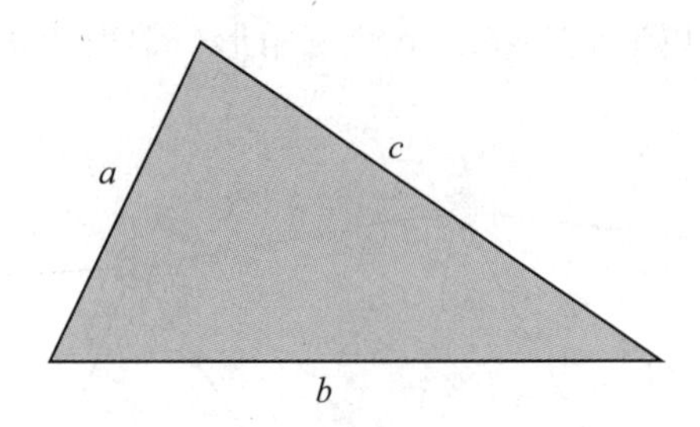

图 15.2　三角形示例

(3)将 6 个三角形求和,得到地块总面积。

三、分析结果报告输出

(1)输出每个三角形的边长及其面积,输出时保留 3 位小数,格式如下:
三角形序号　边 1 的长度(m)　边 2 的长度(m)　边 3 的长度(m)　面积(m^2)
(2)地块总面积,输出时保留 3 位小数。

四、源程序与参考答案

本题为武汉大学测绘学院 2019 年硕士研究生复试编程题,考试时间为 2 个小时。在"https://github.com/ybli/bookcode/tree/master/Part1-ch06"目录下给出了其中 3 位同学的答案:"2-刘虎"采用 Matlab 语言,"13-石欣"采用 C++语言,"23-郑宇航"采用 C#语言。

第 16 章　滑坡体的变形速度与应变计算

（作者：温扬茂、李英冰、韩佳伟，主题分类：工程测量）

变形监测是利用专用仪器对变形体进行监测，通过数据处理和分析，掌握变形情况及发展态势。变形监测技术广泛应用于大坝、桥梁、高层建筑物等重要人工建筑，或滑坡、危岩体等自然对象。通过监视变形情况，一旦发现异常变形及时处理，从而有效防止事故的发生。

为了对三峡地区某滑坡体的变形特征进行监测，在滑坡体上布设了 4 个监测点进行观测，分别是 M01、M02、M03、M04，其点位分布如图 16.1 所示。按照监测计划，每间隔 5 天对这些点进行一期复测，共观测了 4 期。要求对获取到的 4 期观测资料进行编程分析。

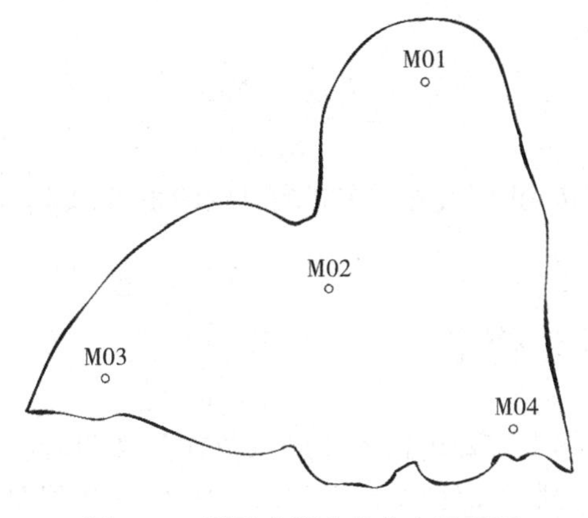

图 16.1　滑坡监测点位分布示意图

一、数据文件读取

编写程序读取“形变观测数据 . txt”文件，数据内容和格式说明如表 16-1 所示。

表 16-1　数据文件内容及说明

数据内容	格式说明
4 M01,4 1,492.1373, 973.2576 2,492.1377, 973.2694 …… (详见“形变观测数据 . txt”数据文件)	监测点的总数 n 监测点名,总期数 k 序号,X 坐标分量(m),Y 坐标分量(m)

二、算法实现

对获取到的观测数据，按以下算法进行变形分析。注意：由于在对滑坡监测时采用的是局部平面坐标系，故不考虑高程变化。

1. 监测点位的变形速度

根据监测点位两次相邻观测所获取到的距离变化，计算监测点位在该时段的速度，计算公式为：

$$v = \frac{s}{t} \tag{1}$$

其中，s 为监测点位的距离变化，单位为 mm，t 为两次观测之间的时间间隔，单位为天。

2. 相邻点组的应变

根据两相邻点位 M_i 和 M_j 距离在相邻两期观测时刻之间的变化，计算该相邻点组在该时段的应变，计算公式为：

$$\varepsilon = \frac{S_{M_iM_j}^{l+1} - S_{M_iM_j}^{l}}{S_{M_iM_j}^{l}} \tag{2}$$

其中，$S_{M_iM_j}^{l}$ 为两相邻点位 M_i 和 M_j 在第 l 次观测时段的距离，$S_{M_iM_j}^{l+1}$ 为两相邻点位 M_i 和 M_j 在第 $l+1$ 次观测时段的距离。

三、分析结果报告输出

根据监测要求，分析结果需要包括各监测点位在各观测时段(仅考虑两相邻时刻)的变形速度、发生最大变形的监测点位及发生时段、M01-M02 和 M03-M04 点组在各观测时段的应变。分析结果报告的格式如下：

```
--------监测点位的变形速度--------
监测点 1 名称，第 1 个时段速度(单位：mm/天)，…，第 n-1 个时段速度(单位：mm/天)
……
监测点 k 名称，第 1 个时段速度(单位：mm/天)，…，第 n-1 个时段速度(单位：mm/天)
--------最大变形发生点位及发生时段--------
监测点位名称，起始观测期数-结束观测期数
--------相邻点组的应变--------
M01-M02，第 1 个时段的应变，…，第 n-1 个时段的应变
M03-M04，第 1 个时段的应变，…，第 n-1 个时段的应变
```

四、源程序及参考答案

在"https：//github. com/ybli/bookcode/tree/master/Part1-ch07/"目录下给出了参考源

程序、测试数据和可执行文件。

1. 源程序说明

编程语言为 C#，项目名称为 landside。项目中主要包含以下类：

(1) FileHelper. cs：数据文件读取及计算结果输出；

(2) Coordinate. cs：监测点的基本数据结构，包含期数、x 坐标分量、y 坐标分量等信息，将一行文本解析为坐标结构类型；

(3) MoniterPoint. cs：数据结构，包含同一监测点的不同期数；

(4) Algo. cs：计算两点之间的距离、速度和应变；

(5) SessionList. cs：输出所有时段的速度、方位角、累计距离和首尾点之间的直线距离。

2. 参考答案说明

可执行文件和数据文件在“运行程序与数据”目录下。运行程序，打开数据文件“形变观测数据 . txt”，显示源数据格式及内容，点击计算，显示计算结果如图 16. 2 所示，包括监测点位的变形速度及相邻点组的应变，点击保存，可以将计算结果保存为 TXT 文件。

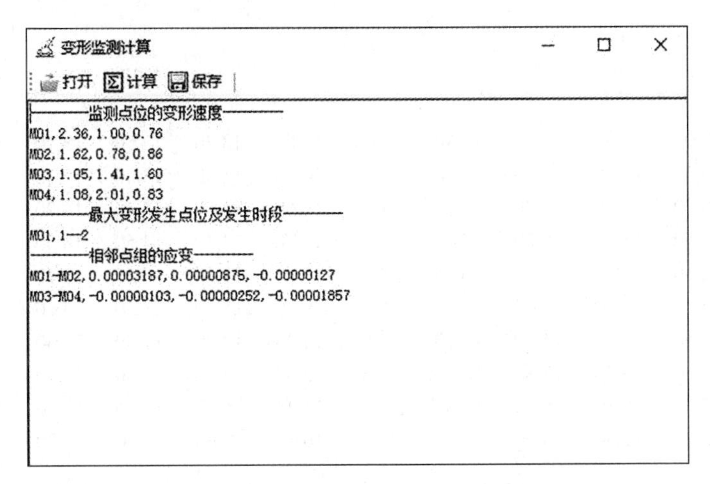

图 16. 2　计算结果

说明：本题为武汉大学测绘学院 2018 年硕士研究生复试编程题，考试时间为两小时。

第 17 章　矩阵卷积计算

（作者：詹总谦、李英冰，主题分类：图像处理）

在遥感图像处理中，经常要进行图像增强、图像滤波、边缘提取等操作，将原始影像与算子模板进行卷积计算。本题采用文本数据，相关思想可应用于图像处理之中。

一、数据文件读取

编写程序，读取“N 矩阵 . txt”和“M 矩阵 . txt”，其中文件“N 矩阵 . txt”内容如图 17. 1 所示，代表方形矩阵 $\boldsymbol{N}_{I,J}$（$I=0, 1, \cdots, 9$；$J=0, 1, \cdots, 9$）（10 行，10 列），其中文件“M 矩阵 . txt”的内容如图 17. 2 所示，代表方形矩阵 $M_{i,j}$（$i=0, 1, 2$；$j=0, 1, 2$）（3 行，3 列）。

10.00	13.50	14.00	13.80	13.90	15.60	13.30	14.50	13.70	14.40
13.50	13.30	15.10	16.40	15.40	14.90	11.30	13.50	17.70	13.30
15.70	14.00	16.30	18.60	16.80	16.60	12.50	15.50	16.70	14.80
16.50	15.90	15.20	17.40	17.60	17.70	14.30	14.50	18.50	15.60
12.60	13.30	14.40	16.50	18.40	18.40	17.30	16.50	19.70	17.40
14.10	17.70	16.00	15.40	14.50	19.60	15.20	18.50	14.70	18.30
18.50	14.50	14.70	13.10	15.40	14.30	12.30	17.50	12.40	13.20
22.30	15.20	15.80	18.00	17.20	13.50	13.70	16.50	14.70	15.30
17.50	16.30	16.30	13.60	18.40	15.70	16.30	15.50	15.70	16.40
13.20	17.30	15.00	12.80	19.10	16.60	17.60	16.50	13.30	17.30

（横轴 J，纵轴 I）

图 17. 1　矩阵 $\boldsymbol{N}_{i,j}$

0.20	0.30	0.20
0.25	0.50	0.35
0.10	0.30	0.20

（横轴 j，纵轴 i）

图 17. 2　矩阵 $\boldsymbol{M}_{i,j}$

二、算法实现

1. 算法 1

请完成以下内容：

$$V_{I,J} = \left(\sum_{i=0}^{i=2}\sum_{j=0}^{j=2} M_{i,j} \cdot N_{I-i-1,\,J-j-1}\right) \Big/ \left(\sum_{i=0}^{i=2}\sum_{j=0}^{j=2} M_{i,j}\right) \tag{1}$$

当 $I-i-1<0$ 或 $J-j-1<0$ 或 $I-i-1>9$ 或 $J-j-1>9$ 时，$M_{i,j}=0$。

2. 算法 2

$$V_{I,J} = \left(\sum_{i=0}^{i=2}\sum_{j=0}^{j=2} M_{i,j} \cdot N_{9-(I-i-1),\,9-(J-j-1)}\right) \Big/ \left(\sum_{i=0}^{i=2}\sum_{j=0}^{j=2} M_{i,j}\right) \tag{2}$$

当 $I-i-1<0$ 或 $J-j-1<0$ 或 $I-i-1>9$ 或 $J-j-1>9$ 时，$M_{i,j}=0$。

三、计算结果报告

报告结果：V。

四、参考答案

在“https：//github. com/ybli/bookcode/tree/master/Part1-ch08/”目录下给出了参考源程序、测试数据和可执行文件。

1. 测试数据计算结果

算法 1 结果

NaN	NaN	NaN	NaN	NaN	NaN	NaN	NaN	NaN	NaN
NaN	10.00	11.40	12.64	13.80	13.89	14.36	14.46	14.30	13.93
NaN	11.56	12.07	13.03	14.25	14.61	14.76	14.33	13.78	13.99
NaN	13.66	13.29	13.83	15.00	15.78	15.72	14.71	13.74	14.17
NaN	15.59	15.07	14.95	15.73	16.86	16.98	15.70	14.33	14.70
NaN	14.94	15.02	14.95	15.56	16.85	17.60	17.01	15.73	15.85
NaN	13.85	14.51	14.83	15.37	16.10	17.27	17.52	16.95	16.59
NaN	15.43	15.17	15.30	15.25	15.23	15.96	16.43	16.52	16.17
NaN	19.08	17.34	16.38	15.40	15.34	15.30	15.06	14.99	15.35
NaN	19.86	18.46	16.89	15.50	15.94	15.97	15.19	14.64	15.30

算法 2 结果

NaN	NaN	NaN	NaN	NaN	NaN	NaN	NaN	NaN	NaN
NaN	17.30	15.70	15.36	15.90	17.00	17.60	16.59	15.23	15.03

NaN	16.90	16.03	15.51	15.75	16.59	17.16	16.63	15.48	15.10
NaN	16.16	15.86	15.56	15.55	15.77	16.16	16.62	16.03	15.48
NaN	14.74	14.70	15.10	15.18	14.84	14.79	15.81	15.96	15.49
NaN	15.44	14.66	15.04	15.40	15.33	14.85	15.41	15.31	15.35
NaN	17.05	16.48	16.33	16.46	16.57	16.54	16.35	15.32	15.24
NaN	16.91	17.55	17.31	16.83	16.66	17.46	17.45	16.33	15.49
NaN	15.64	16.60	16.85	16.00	15.48	16.63	17.61	17.05	15.84
NaN	14.40	15.54	15.91	15.02	14.11	15.26	16.79	16.89	15.94

用户界面示例如图 17.3 所示，显示算法 1 和算法 2 等计算成果，另外还有打开和保存文件等功能。

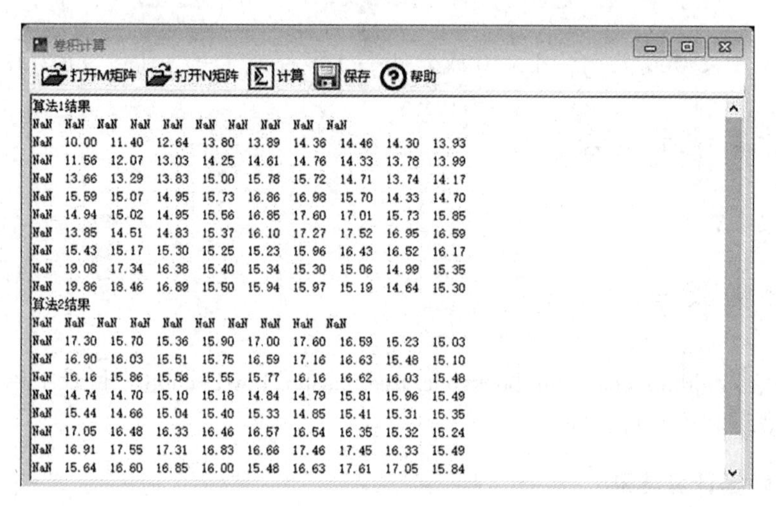

图 17.3　用户界面示例

2. 试题说明

本题源于 2016 年武汉大学测绘学院夏令营编程测试(试题内容有改编)。

第 18 章　空间直角坐标转换为站心直角坐标

（作者：黄劲松，主题分类：卫星导航）

一、主要功能要求

编写程序，将数据文件 XYZ. DAT 中所有点的空间直角坐标转换为以 HKLT（XYZ. DAT 文件中第一个点）为站心的站心直角坐标（NEU 坐标），并将转换结果输出到文件 NEU. DAT。（注：所有坐标均在 WGS-84 坐标系下表示，转换坐标含 HKLT）。

XYZ. DAT 文件格式如图 18. 1 所示。

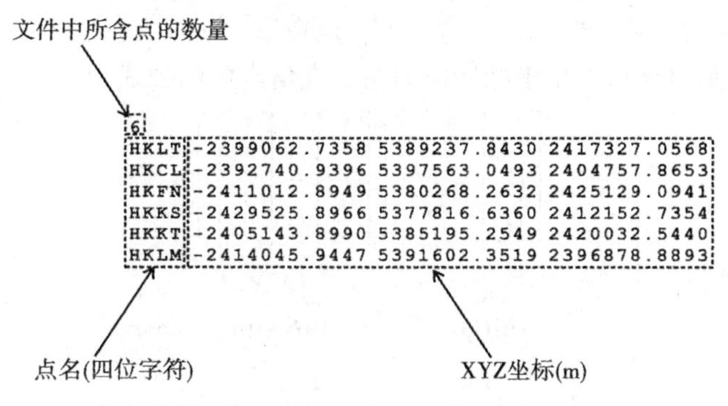

图 18. 1　XYZ. DAT 文件格式说明

NEU. DAT 文件格式如图 18. 2 所示。

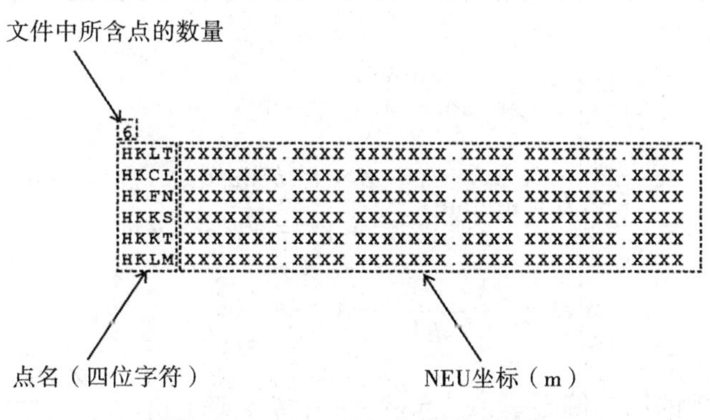

图 18. 2　NEU. DAT 文件格式说明

说明：(1)读取数据文件 XYZ. DAT，该文件是文本格式；

(2)完成空间直角坐标转换成为以 HKLT(XYZ. DAT 文件中第一个点)为站心的站心直角坐标(NEU 坐标)，相关算法见本文档的"3 所需算法公式说明"；

(3)转换结果输出到文件 NEU. DAT，格式要求如图 18. 2 所示。

二、WGS-84 椭球参数

长半轴 a：6378137. 0。

扁率 f：1. 0/298. 257223563。

三、所需算法公式说明

1. 空间直角坐标与站心直角坐标间的转换

如果存在 i 和 j 两个点，在同一坐标参照系下，i 点在空间直角坐标系和大地坐标系下的坐标分别为 (X_i, Y_i, Z_i) 和 (B_i, L_i, H_i)，j 点在空间直角坐标系和大地坐标系下的坐标分别为 (X_j, Y_j, Z_j) 和 (B_j, L_j, H_j)，设 j 点在以 i 点为中心的站心坐标系下的坐标为 (N_{ij}, E_{ij}, U_{ij})，则由空间直角坐标转换为站心直角坐标的公式为：

$$\begin{bmatrix} N_{ij} \\ E_{ij} \\ U_{ij} \end{bmatrix} = T_i \cdot \left(\begin{bmatrix} X_j \\ Y_j \\ Z_j \end{bmatrix} - \begin{bmatrix} X_i \\ Y_i \\ Z_i \end{bmatrix} \right) \tag{1}$$

式中，旋转矩阵 T_{i} 为：

$$T_{\mathrm{i}} = \begin{bmatrix} -\sin B_i \cos L_i & -\sin B_i \sin L_i & \cos B_i \\ -\sin L_i & \cos L_i & 0 \\ \cos B_i \cos L_i & \cos B_i \sin L_i & \sin B_i \end{bmatrix} \tag{2}$$

2. 空间直角坐标与大地坐标间的转换

将同一坐标参照系下空间直角坐标 (X, Y, Z) 转换为大地坐标 (B, L, H) 的直接公式为：

$$\begin{cases} L = \arctan\left(\dfrac{Y}{X}\right) \\ B = \arctan\left(\dfrac{Z + e'^2 b \sin^3\theta}{\sqrt{X^2 + Y^2} - e^2 a \cos^3\theta}\right) \\ H = \dfrac{\sqrt{X^2 + Y^2}}{\cos B} - N \end{cases} \tag{3}$$

式中，e' 为参考椭球的第二偏心率，$e'^2 = \dfrac{a^2 - b^2}{b^2}$；$\theta = \arctan\left(\dfrac{Z \cdot a}{\sqrt{X^2 + Y^2} \cdot b}\right)$。

N 为卯酉圈(Prime Vertical)的半径，有

$$N=\frac{a}{\sqrt{1-e^{2}\sin^{2}B}} \tag{4}$$

$$e^{2}=\frac{a^{2}-b^{2}}{a^{2}}=2f-f^{2} \tag{5}$$

式中，a 为参考椭球的长半轴；b 为参考椭球的短半轴；e 为参考椭球的第一偏心率；f 为参考椭球的扁率，$f=\frac{a-b}{a}$。

四、参考答案

1. 测试数据计算结果

6
HKLT 0.0000 0.0000 0.0000
HKCL -13539.3233 -9161.1180 -139.2308
HKFN 8484.0217 14565.0739 -107.0047
HKKS -5528.7540 32475.0208 -166.2481
HKKT 2966.3145 7199.6158 -96.1006
HKLM -22050.4058 12726.5964 -168.3770

2. 参考程序说明

本试题为武汉大学测绘学院 2018 年优秀大学生夏令营编程试题，考试时间为两个小时，共 140 人参加了考试。

在“https://github.com/ybli/bookcode/tree/master/Part1-ch09”目录下给出了其中 5 位同学的答案。其中“16-赵士翔”和“40-陈广鄂”采用 C#语言，“18-申志恒”和“42-张宏敏”采用 C++语言，“87-苗杰”采用 Fortran 语言。

第 19 章　电离层改正计算

（作者：李英冰、杨潘丰，主题分类：卫星导航）

电磁波信号在穿过电离层时，其传播速度会发生变化，变化程度主要取决于电离层中的电子密度和信号频率；其传播路径也会略微弯曲，从而使得信号的传播时间乘上真空中的光速所得到的距离不等于从信号源至接收机的几何距离，因此必须仔细加以改正。电离层延迟改正有经验改正、双频改正等方法。其中电离层改正模型是描述电离层中的电子密度、离子密度、电子温度、离子温度、离子成分和总电子含量等参数的时空变化规律的一些数学公式。电离层改正模型示意图如图 19.1 所示。

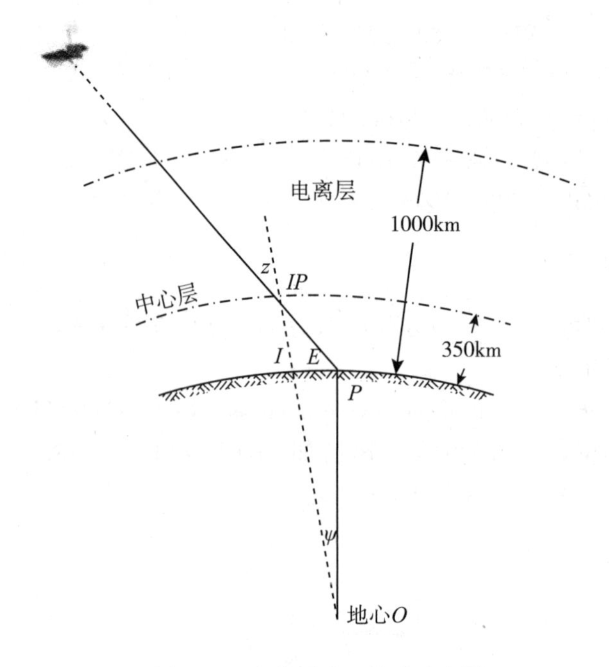

图 19.1　电离层改正模型示意图

一、数据文件读取

编写程序读取“卫星坐标数据 . txt”文件，数据内容如表 19-1 所示。第 1 行是时间行，内容有年、月、日、时、分、秒组成，时间是世界时。第 2 行及其以后是卫星标识（第

1~3 列)、x 坐标分量(第 4~17 列，以千米为单位)、y 坐标分量(第 18~31 列，以千米为单位)、z 分量坐标(第 32~45 列，以千米为单位)。

表 19-1　　**数据内容**

```
 *   2016   8 16 10 45   0.00000000
G14   16687.643420 -12247.092346 -16288.201036
G13  -12561.283367  23101.321035   3911.534189
G20   10338.961864  21139.725738  12133.247989
......
(详见"卫星坐标数据.txt"数据文件)
```

二、算法实现

1. 卫星高度角和方位角

设卫星 S 的地心坐标为(x_S, y_S, z_S)，测站 P 的地心坐标为(x_P, y_P, z_P)。建立测站空间直角坐标系：原点位于测站 P，Z 轴与 P 点的椭球法线相重合，X 轴垂直于 Z 轴并指向椭球的短轴，而 Y 轴则垂直于 XPZ 平面向东，构成左手坐标系，如图 19.2 所示。

S 点的坐标(X, Y, Z)表示为：

$$\begin{bmatrix} X \\ Y \\ Z \end{bmatrix} = H\begin{bmatrix} \Delta X \\ \Delta Y \\ \Delta Z \end{bmatrix} = \begin{bmatrix} -\sin B_P\cos L_P & -\sin B_P\sin L_P & \cos B_P \\ -\sin L_P & \cos L_P & 0 \\ \cos B_P\cos L_P & \cos B_P sinL_P & \sin B_P \end{bmatrix}\left\{\begin{bmatrix} x_S \\ y_S \\ z_S \end{bmatrix} - \begin{bmatrix} x_P \\ y_P \\ z_P \end{bmatrix}\right\} \tag{1}$$

计算时测站 P 的地心坐标为(-2225669.7744，4998936.1598，3265908.9678)，大地

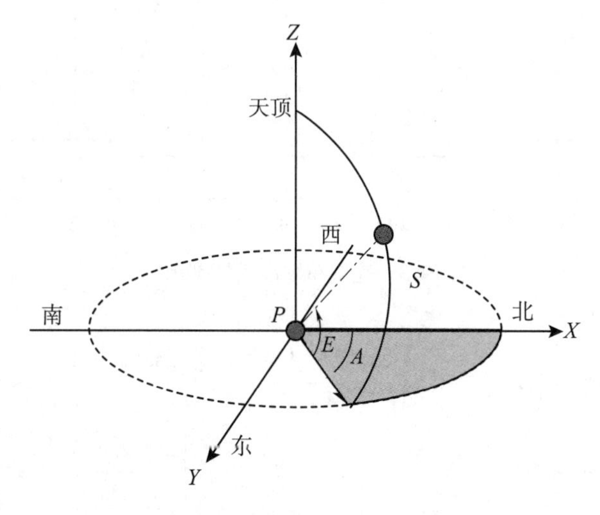

图 19.2　测站坐标系示意图

坐标 B_P 和 L_P 取值为 30 度和 114 度。

卫星 S 的高度角 E 和方位角 A 的计算公式为：

$$\begin{cases} A = \arctan \dfrac{Y}{X} \\ E = \arctan \dfrac{Z}{\sqrt{X^2 + Y^2}} \end{cases} \tag{2}$$

2. 穿刺点的地磁纬度

设穿刺点 IP 的高度 $H_I = 350\text{km}$，计算穿刺点 IP 的坐标为：

$$\begin{cases} \varphi_{IP} = B_P + \psi \cos A \\ \lambda_{IP} = L_P + \psi \sin A / \cos \varphi_{IP} \end{cases} \tag{3}$$

式中，$\psi = \dfrac{0.0137}{E + 0.11} - 0.022$，其中 E 以弧度为单位。

穿刺点 IP 的地磁纬度为

$$\varphi_{\text{m}} = \varphi_{IP} + 0.064\cos(\lambda_{IP} - 1.617) \tag{4}$$

3. 计算电离层延迟量

克罗布歇模型改正示例如图 19.3 所示，L1 频率的电离层延迟时间为

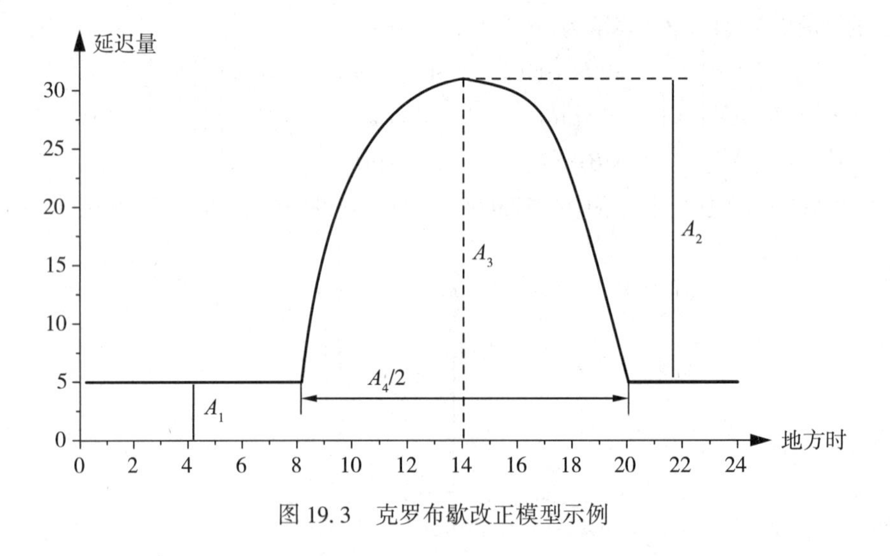

图 19.3 克罗布歇改正模型示例

$$T_{ion} = \begin{cases} F \times \left(A_1 + A_2 \cos\left[\dfrac{2\pi(t - A_3)}{A_4} \right] \right), & \left| \dfrac{2\pi(t - A_3)}{A_4} \right| < 1.57 \\ F \times A_1, & \left| \dfrac{2\pi(t - A_3)}{A_4} \right| \geqslant 1.57 \end{cases} \tag{5}$$

式中，$F = 1 + 16 \times (0.53 - E)^3$，$A_1 = 5 \times 10^{-9}\text{s} = 5\text{ns}$ 是夜晚时间常量，$A_3 = 14\text{h} = 50400\text{s}$ 表

示取最大值时的当地时间。$t = 43200\lambda_{IP} + T$，$T$ 是观测时刻(观测时在一天中秒数，Second of Day)。A_2 和 A_4 是多项式，计算公式为：

$$\begin{cases} A_2 = \alpha_0 + \alpha_1\varphi_m + \alpha_2(\varphi_m)^2 + \alpha_3(\varphi_m)^3 \\ A_4 = \beta_0 + \beta_1\varphi_m + \beta_2(\varphi_m)^2 + \beta_3(\varphi_m)^3 \end{cases} \tag{6}$$

在计算时，α_1 至 α_4 的取值为{0. 1397×10^{-7}，−0. 7451×10^{-8}，−0. 5960×10^{-7}，0. 1192×10^{-6}}，β_1 至 β_4 的取值为{ 0. 1270×10^{6}，−0. 1966×10^{6}，0. 6554×10^{5}，0. 2621×10^{6}}。

距离延迟为

$$D_{ion} = T_{ion} \times c \tag{7}$$

其中 c 是光速，用 299792458m/s 进行计算。

三、计算结果报告

输出每颗卫星的高度角、方位角，以及电离层延迟(当高度角小于 0 时，取值为 0)。

四、源程序与参考答案

在"https：//github. com/ybli/bookcode/tree/master/Part1-ch10/"目录下给出了参考源程序、测试数据和可执行文件。

1. 源程序

编程语言为 C#，项目名称为 Iono。项目中主要包含以下类：

(1)FileHelper. cs：源文件读取，以及计算结果输出；

(2)DataEntity. cs：定义数据实体，包含 Time、Data 两个属性，并将两者以字符串的形式输出；

(3)Time. cs：对时间的定义；

(4)Point. cs：点的基本数据结构，包含卫星标识、X、Y、Z 坐标分量等信息；

(5)Algo. cs：克罗布歇模型计算电离层延迟的具体算法实现；

(6)Position. cs：坐标系统的定义；

(7)DayTime. cs：枚举多种不同的时间类型，包括 GPSWeek，MJD 等；

(8)EllipsoidModel. cs：对椭球模型的定义，包括长半轴、短半轴、扁率等参数；

(9)WGS-84Ellipsoid. cs：对 WGS-84 椭球的定义；

(10)IonoModel. cs：建立卫星传输模型，包括 α、β 等参数以及分别对应于 L1、L2 的电离层改正值；

(11)MiscMath. cs：多种数学算法的实现，包括 RSS、两者互换、计算得到除法的余数等；

(12)TimeSystem. cs：支持的时间系统列表；

(13)Triple. cs：提供三维向量的数学函数，包括一些专门用于轨道跟踪的功能。

2. 测试数据计算结果

在“运行程序与数据”目录下，给出了“卫星轨道数据 . txt”数据文件。图 19. 4 是用户界面示例，用以显示打开文件的内容、计算成果(每颗卫星的高度角、方位角，以及延迟改正数等)和保存相关内容。

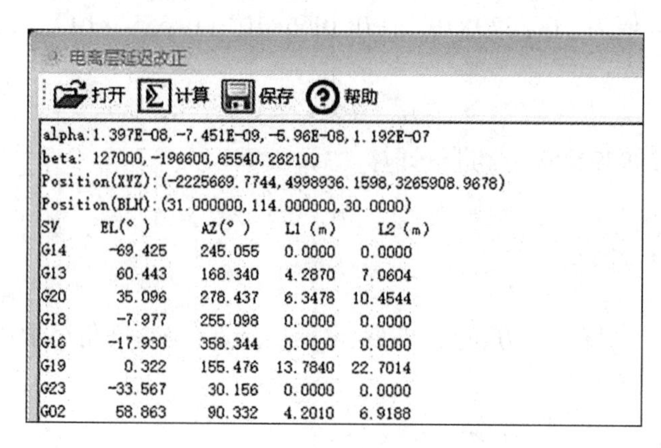

图 19. 4　用户界面示例

第20章　对流层改正计算

（作者：李英冰，主题分类：卫星导航）

对流层延迟泛指电磁波信号在通过高度为50km以下的未被电离的中性大气层时所产生的信号延迟。常用的对流层延迟模型有霍普菲尔德模型、萨斯塔莫宁模型、勃兰克模型和NEIL模型等，本试题采用NEIL改正模型。

一、数据文件读取

编写程序读取“坐标信息.txt”文件，数据内容如表20-1所示。数据格式为测站名，时间(YYYYMMDD)，经度(°)，纬度(°)，大地高(m)，高度角(°)。

表20-1　**数据内容**

```
测站名,时间(YYYYMMDD),经度(°),纬度(°),大地高(m),高度角(°)
P01,20170728,116.407143,39.913607,45.234,20
P02,20170728,125.460913,43.850217,102.432,30
P03,20170728,82.650403,63.604725,251.672,40
P04,20170728,107.37637,26.043428,35.277,45
P05,20170728,112.674792,1.514577,24.556,50
P06,20170728,138.283829,-30.160507,176.889,55
P07,20170728,102.961019,-77.21885,435.279,60
```

二、算法实现

1. 湿分量的投影函数计算

湿分量的投影函数为：

$$m_w(E)=\frac{\dfrac{1}{1+\dfrac{a_w}{1+\dfrac{b_w}{1+c_w}}}}{\dfrac{1}{\sin E+\dfrac{a_w}{\sin E+\dfrac{b_w}{\sin E+c_w}}}} \tag{1}$$

式中，E 是高度角；当测站纬度在 15°~75°之间，湿分量的系数 a_w、b_w、c_w 用以下内插法求得：

$$p(\phi, t) = p_{avg}(\phi_i) + [p_{avg}(\phi_{i+1} - p_{avg}(\phi_i)] \times \frac{\phi - \phi_i}{\phi_{i+1} - \phi_i} \tag{2}$$

式中，p 表示要内插的系数 a_w、b_w、c_w；ϕ_i 和 ϕ_{i+1} 的系数平均值 p_{avg} 值见表 20-2。当测站纬度小于 15°时，就取 15°时的值 p_{avg}；当测站纬度大于 75°时，就取 75°时的值 p_{avg}。

表 20-2　　**湿分量投影函数系数表**

纬度	$a_w(avg)$	$b_w(avg)$	$c_w(avg)$
15°	0.00058021897	0.0014275268	0.043472961
30°	0.00056794847	0.0015138625	0.046729510
45°	0.00058118019	0.0014572752	0.043908931
60°	0.00059727542	0.0015007428	0.044626982
75°	0.00061641693	0.0017599082	0.054736038

2. 干分量的投影函数计算(25 分)

干分量的投影函数为：

$$m_d(E) = \frac{\dfrac{1}{1+\dfrac{a_d}{1+\dfrac{b_d}{1+c_d}}}}{\dfrac{1}{\sin E+\dfrac{a_d}{\sin E+\dfrac{b_d}{\sin E+c_d}}}} + \left[\frac{1}{\sin E} - \frac{\dfrac{1}{1+\dfrac{a_{ht}}{1+\dfrac{b_{ht}}{1+c_{ht}}}}}{\dfrac{1}{\sin E+\dfrac{a_{ht}}{\sin E+\dfrac{b_{ht}}{\sin E+c_{ht}}}}}\right] \times \frac{H}{1000} \tag{3}$$

式中，E 是高度角；$a_{ht} = 2.53 \times 10^{-5}$；$b_{ht} = 5.49 \times 10^{-3}$；$c_{ht} = 1.14 \times 10^{-3}$；$H$ 为正高。当测站纬度在 15°~75°之间，干分量的系数 a_d、b_d、c_d 用以下内插法求得：

$$\begin{aligned} p(\phi, t) = & p_{avg}(\phi_i) + [p_{avg}(\phi_{i+1} - p_{avg}(\phi_i)] \times \frac{\phi - \phi_i}{\phi_{i+1} - \phi_i} + \\ & \left\{p_{amp}(\phi_i) + [p_{amp}(\phi_{i+1} - p_{amp}(\phi_i)] \times \frac{\phi - \phi_i}{\phi_{i+1} - \phi_i} \times \cos\left(2\pi \frac{t - t_0}{365.25}\right)\right\} \end{aligned} \tag{4}$$

式中，p 表示要内插的系数 a_d、b_d、c_d；t 为年积日，$t_0 = 28$ 为参考时刻的年积日；ϕ_i 和 ϕ_{i+1} 的系数平均值 p_{avg} 和波动的幅度 p_{amp} 值见表 20-3。

当测站纬度小于 15°时，系数 a_d、b_d、c_d 的计算公式为：

$$p(\phi, t) = p_{avg}(15°) + p_{avg}(15°) \times \cos\left(2\pi \frac{t - t_0}{365.25}\right) \tag{5}$$

当测站纬度大于 75°时，系数 a_d、b_d、c_d 的计算公式为：

$$p(\phi, t) = p_{avg}(75°) + p_{avg}(75°) \times \cos\left(2\pi \frac{t - t_0}{365.25}\right) \tag{6}$$

表 20-3　**干分量映射函数系数表**

纬度	$a_h(avg)$	$b_h(avg)$	$b_h(avg)$
15°	0.0012769934	0.0029153695	0.062610505
30°	0.0012683230	0.0029152299	0.062837393
45°	0.0012465397	0.0029288445	0.063721774
60°	0.0012196049	0.0029022565	0.063824265
75°	0.0012045996	0.0029024912	0.064258455
纬度	$a_h(amp)$	$a_h(amp)$	$a_h(amp)$
15°	0.0	0.0	0.0
30°	0.000012709626	0.000021414979	0.000090128400
45°	0.000026523662	0.000030160779	0.000043497037
60°	0.000034000452	0.000072562722	0.00084795348
75°	0.000041202191	0.00011723375	0.0017037206

3. 延迟改正计算(10 分)

对流层延迟由干分量和湿分量组成，计算公式为：

$$\Delta S = \mathrm{ZHD} \cdot m_d(E) + \mathrm{ZWD} \cdot m(E) \tag{7}$$

式中，$\mathrm{ZHD} = 2.29951 \times e^{-0.000116 \times H}$，$\mathrm{ZWD} = 0.1$，$H$ 为正高。

三、计算结果报告(20 分)

编程输出测站名、高度角、ZHD、$m_d(E)$、ZWD、$m_w(E)$、ΔS 等计算结果。

四、参考答案

在“https://github.com/ybli/bookcode/tree/master/Part1-ch11/”目录下给出了参考源程序、测试数据和可执行文件。

编程语言为 C#，项目名称为 Trop。测试数据在“运行程序与数据”目录下。样例数据的计算结果为：

测站名	高度角	ZHD	m_ d(E)	ZWD	m_ w(E)	延迟改正
P01	20. 00	2. 287	2. 897	0. 100	2. 911	6. 917
P02	30. 00	2. 272	1. 993	0. 100	1. 997	4. 727
P03	40. 00	2. 233	1. 553	0. 100	1. 554	3. 624
P04	45. 00	2. 290	1. 412	0. 100	1. 413	3. 376
P05	50. 00	2. 293	1. 304	0. 100	1. 305	3. 121
P06	55. 00	2. 253	1. 220	0. 100	1. 220	2. 871
P07	60. 00	2. 186	1. 154	0. 100	1. 154	2. 639

程序运行界面如图 20. 1 所示，主要显示测站站名、高度角、干延迟、湿延迟、映射函数及总延迟改正计算结果等内容。

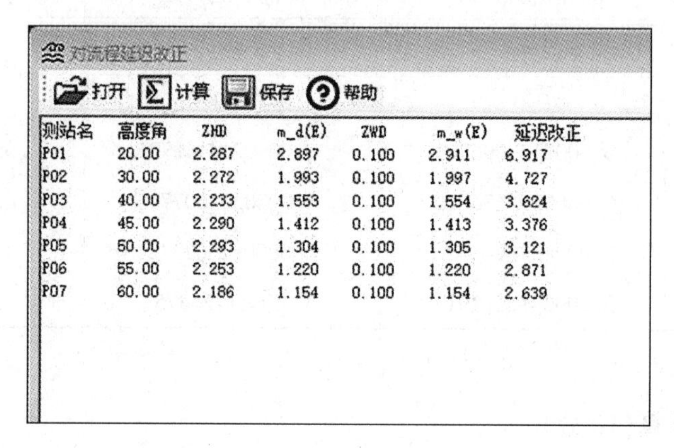

图 20. 1　用户界面示例

第21章　矩阵基本运算

（作者：王同合，主题分类：测量平差）

实现矩阵基本运算（包括加、减、乘、除，求行列式、求逆及转置），并根据提供的示例矩阵，验证程序结果的正确性。

一、两个矩阵的加法运算

1. 检查两个矩阵的行数和列数是否相同

根据两个矩阵的行数和列数进行判断，若相同，则进行加法运算；若不同，则给出相应错误信息。

2. 两个矩阵的加法运算

循环遍历矩阵中所有元素，将左矩阵中的每个元素与右矩阵中的对应位置的元素进行相加。两个矩阵相加，即它们相同位置的元素相加：

$$\boldsymbol{A}+B=\begin{pmatrix} a_{11}+b_{11} & a_{12}+b_{12} & \cdots & a_{1n}+b_{1n} \\ a_{21}+b_{21} & a_{22}+b_{22} & \cdots & a_{2n}+b_{2n} \\ \vdots & \vdots & & \vdots \\ a_{m1}+b_{m1} & a_{m2}+b_{m2} & \cdots & a_{mn}+b_{mn} \end{pmatrix} \tag{1}$$

其中矩阵 $\boldsymbol{A}=\begin{pmatrix} a_{11} & a_{12} & \cdots & a_{1n} \\ a_{21} & a_{22} & \cdots & a_{2n} \\ \vdots & \vdots & & \vdots \\ a_{m1} & a_{m2} & \cdots & a_{mn} \end{pmatrix}$，矩阵 $\boldsymbol{B}=\begin{pmatrix} b_{11} & b_{12} & \cdots & b_{1n} \\ b_{21} & b_{22} & \cdots & b_{2n} \\ \vdots & \vdots & & \vdots \\ b_{m1} & b_{m2} & \cdots & b_{mn} \end{pmatrix}$。

二、两个矩阵的减法运算

1. 检查两个矩阵的行数和列数是否相同

根据两个矩阵的行数和列数进行判断，若相同，则进行减法运算；若不同，则给出相应错误信息。

2. 两个矩阵的减法运算

循环遍历矩阵中所有元素，将左矩阵中的每个元素与右矩阵中的对应位置的元素进行相减。两个矩阵相减，即它们相同位置的元素相减：

$$\boldsymbol{A}-\boldsymbol{B}=\begin{pmatrix} a_{11}-b_{11} & a_{12}-b_{12} & \cdots & a_{1n}-b_{1n} \\ a_{21}-b_{21} & a_{22}-b_{22} & \cdots & a_{2n}-b_{2n} \\ \vdots & \vdots & & \vdots \\ a_{m1}-b_{m1} & a_{m2}-b_{m2} & \cdots & a_{mn}-b_{mn} \end{pmatrix} \tag{2}$$

三、矩阵的乘法运算

1. 两个矩阵的乘法运算

(1)检查两个矩阵行数和列数是否满足运算规则：

根据左矩阵的行数和右矩阵的列数进行判断，若相同，则进行乘法运算；若不同，则给出相应错误信息。

(2)进行乘法计算：

遍历 $\boldsymbol{A}$ 矩阵中的每行，依次将第 i 行中的每个元素与 $\boldsymbol{B}$ 矩阵中第 s 列中的每个元素对应相乘之后相加，并将这个和放置在结果矩阵中第 i 行 j 列。($i=1$，2，3，…，m，m 为 $\boldsymbol{A}$ 矩阵中总行数；$j=1$，2，3，…，s，s 为 $\boldsymbol{B}$ 矩阵中的总列数)

$$\text{设矩阵}\boldsymbol{A}=\begin{pmatrix} a_{11} & a_{12} & \cdots & a_{1n} \\ a_{21} & a_{22} & \cdots & a_{2n} \\ \vdots & \vdots & & \vdots \\ a_{m1} & a_{m2} & \cdots & a_{mn} \end{pmatrix}，\text{矩阵}\boldsymbol{B}=\begin{pmatrix} b_{11} & b_{12} & \cdots & b_{1s} \\ b_{21} & b_{22} & \cdots & b_{2s} \\ \vdots & \vdots & & \vdots \\ b_{n1} & b_{n2} & \cdots & b_{ns} \end{pmatrix}$$

$$\text{则}\boldsymbol{A}\cdot\boldsymbol{B}=\begin{pmatrix} \sum_{k=1}^{n} a_{1k}b_{k1} & \sum_{k=1}^{n} a_{1k}b_{k2} & \cdots & \sum_{k=1}^{n} a_{1k}b_{kn} \\ \sum_{k=1}^{n} a_{2k}b_{k1} & \sum_{k=1}^{n} a_{2k}b_{k2} & \cdots & \sum_{k=1}^{n} a_{2k}b_{kn} \\ \vdots & \vdots & & \vdots \\ \sum_{k=1}^{n} a_{mk}b_{k1} & \sum_{k=1}^{n} a_{mk}b_{k2} & \cdots & \sum_{k=1}^{n} a_{mk}b_{ks} \end{pmatrix}$$

2. 矩阵与数的乘法运算

将矩阵中的每个元素乘以这个数之后放置在结果矩阵的相应位置。

设矩阵 $A = \begin{pmatrix} a_{11} & a_{12} & \cdots & a_{1n} \\ a_{21} & a_{22} & \cdots & a_{2n} \\ \vdots & \vdots & & \vdots \\ a_{m1} & a_{m2} & \cdots & a_{mn} \end{pmatrix}$，则 $\lambda A = \begin{pmatrix} \lambda a_{11} & \lambda a_{12} & \cdots & \lambda a_{1n} \\ \lambda a_{21} & \lambda a_{22} & \cdots & \lambda a_{2n} \\ \vdots & \vdots & & \vdots \\ \lambda a_{m1} & \lambda a_{m2} & \cdots & \lambda a_{mn} \end{pmatrix}$

注意：矩阵与数的运算包括矩阵左乘一个数及矩阵右乘一个数。

四、求方阵的行列式

1. 检查矩阵是否为方阵

判断是否为方阵，若是，则进行求行列式运算；若不是，则给出相应错误信息。

2. 方阵的求行列式运算

如果方阵的行数等于 2，则方阵的行列式直接用二阶矩阵行列式公式求解；如果方阵的行数大于 2，依次将第 m 行 n 列的元素的余子式(将方阵去掉此元素所在的行上所有元素和列上所有元素，所构成的矩阵)赋值给一个新的变量，将此变量的行列式乘以 -1 的 $m+n$ 次方，并赋值给另一个变量，继续调用本函数求此变量的行列式，依次递归下去，直到方阵降为 2 阶。($m=1$，2，3，…，row，row 为左矩阵中总行数；$n=1$，2，3，…，column，column 为右矩阵中的总列数)

五、方阵的逆运算

1. 检查矩阵是否为方阵

判断是否为方阵，是则进行求逆运算；若不是，则给出相应错误信息。

2. 求伴随矩阵

依次将第 m 行 n 列的元素的余子式(将方阵去掉此元素所在的行上所有元素和列上所有元素，所构成的矩阵)赋值给一个新的变量，将此变量的行列式乘以 -1 的 $m+n$ 次方放置在结果矩阵的第 m 行 n 列上。($m=1$，2，3，…，row，row 为左矩阵中总行数；$n=1$，2，3，…，column，column 为右矩阵中的总列数)

设矩阵 $A = \begin{pmatrix} a_{11} & a_{12} & \cdots & a_{1n} \\ a_{21} & a_{22} & \cdots & a_{2n} \\ \vdots & \vdots & & \vdots \\ a_{m1} & a_{m2} & \cdots & a_{mn} \end{pmatrix}$，则 a_{11} 的伴随矩阵为 $A_{11}{}^{*} = \begin{pmatrix} a_{22} & a_{23} & \cdots & a_{2n} \\ a_{31} & a_{32} & \cdots & a_{3n} \\ \vdots & \vdots & & \vdots \\ a_{m1} & a_{m2} & \cdots & a_{mn} \end{pmatrix}$

3. 求逆矩阵

如果方阵的行列式等于 0，则不存在逆矩阵；

如果方阵的行列式不为0，则将原矩阵的伴随矩阵的转置阵乘上原矩阵的逆矩阵。

$$设矩阵 \boldsymbol{A} = \begin{pmatrix} a_{11} & a_{12} & \cdots & a_{1n} \\ a_{21} & a_{22} & \cdots & a_{2n} \\ \vdots & \vdots & & \vdots \\ a_{m1} & a_{m2} & \cdots & a_{mn} \end{pmatrix}，则 \boldsymbol{A}^{-1} = \frac{1}{|\boldsymbol{A}|} \cdot \boldsymbol{A}^{*}$$

六、矩阵的除法运算

1. 两个矩阵的除法运算

(1)检查两个矩阵行数和列数是否满足运算规则：

对左矩阵的行数和右矩阵的列数进行判断，若相同，则进行除法运算；若不同，则给出相应错误信息。

(2) 两个矩阵的除法运算：

将左矩阵右乘右矩阵的逆矩阵，其余同乘法运算。

$$设矩阵 \boldsymbol{A} = \begin{pmatrix} a_{11} & a_{12} & \cdots & a_{1n} \\ a_{21} & a_{22} & \cdots & a_{2n} \\ \vdots & \vdots & & \vdots \\ a_{m1} & a_{m2} & \cdots & a_{mn} \end{pmatrix}，矩阵 \boldsymbol{B} = \begin{pmatrix} b_{11} & b_{12} & \cdots & b_{1s} \\ b_{21} & b_{22} & \cdots & b_{2s} \\ \vdots & \vdots & & \vdots \\ b_{n1} & b_{n2} & \cdots & b_{ns} \end{pmatrix}$$

$$则 \boldsymbol{A}/\boldsymbol{B} = \boldsymbol{A} \cdot \boldsymbol{B}^{-1}$$

2. 矩阵与数的除法运算

将矩阵中的每个元素除以这个数之后放置在结果矩阵的相应位置。

七、矩阵的转置运算

将原矩阵中的第 m 行 n 列的元素放置到结果矩阵的第 n 行 m 列中。

$$设矩阵 \boldsymbol{A} = \begin{pmatrix} a_{11} & a_{12} & \cdots & a_{1n} \\ a_{21} & a_{22} & \cdots & a_{2n} \\ \vdots & \vdots & & \vdots \\ a_{m1} & a_{m2} & \cdots & a_{mn} \end{pmatrix} \quad 则 \boldsymbol{A}^{\mathrm{T}} = \begin{pmatrix} a_{11} & a_{21} & \cdots & a_{m1} \\ a_{12} & a_{22} & \cdots & a_{m2} \\ \vdots & \vdots & & \vdots \\ a_{1n} & a_{2n} & \cdots & a_{mn} \end{pmatrix}$$

八、参考结果

在“https://github.com/ybli/bookcode/tree/master/Part1-ch01/”目录下给出了参考源程序和可执行文件。用户界面如图 21.1 所示。

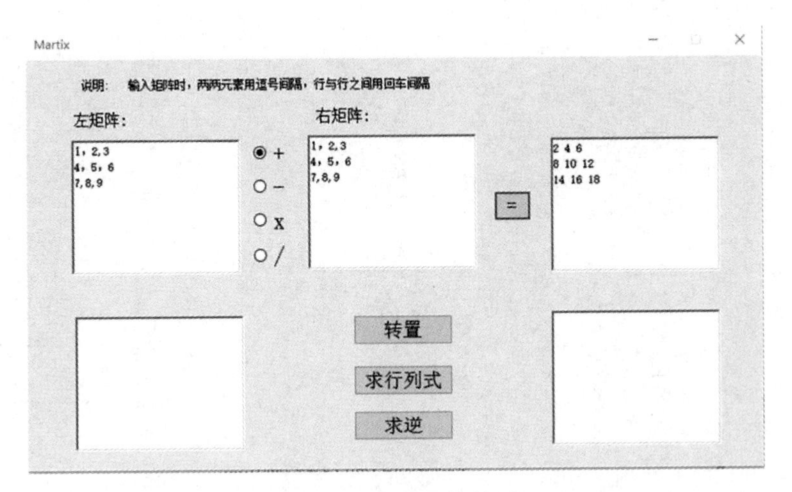
Martix
说明:　输入矩阵时，两两元素用逗号间隔，行与行之间用回车间隔
左矩阵:
右矩阵:
1，2,3
4，5，6
7,8,9
+
-
X
/
1，2,3
4，5，6
7,8,9
=
2 4 6
8 10 12
14 16 18
转置
求行列式
求逆

图 21.1　加法操作结果